ニュートン

科学《かがく》の学校《がっこう》シリーズ

古代《こだい》遺跡《いせき》の学校《がっこう》

JN020808

まえがき

はじめまして。

ぼくの名前《なまえ》は「ぶートン」です。

科学《かがく》の楽《たの》しさを伝《つた》える「科学《かがく》の学校《がっこう》シリーズ」の今回《こんかい》のテーマは「古代《こだい》遺跡《いせき》」です。

古代《こだい》遺跡《いせき》は、大昔《おおむかし》の人《ひと》たちの活動《かつどう》のあとです。遺跡《いせき》を科学的《かがくてき》に発掘《はっくつ》したり、調《しら》べることで大昔《おおむかし》についての「なぞ」がとけることがあります。

たとえば、今《いま》ほど技術《ぎじゅつ》が発達《はったつ》していない時代《じだい》に

ぶートン

ピラミッドをどうつくったのかというなぞは
科学《かがく》の力《ちから》をつかえば予想《よそう》ができるのです。

けれども、ギモンはつぎつぎにわいてきます。
ピラミッドは、なぜつくられたのでしょう？
こんなにすごい建造物《けんぞうぶつ》をつくれた文明《ぶんめい》や国《くに》が
なぜ消《き》えたのかも気《き》になりますね。

そんなギモンの旅《たび》に、ぼくと、友達《ともだち》のウーさんと
一緒《いっしょ》に出発《しゅっぱつ》しましょう！

2024年《ねん》2月《がつ》

ぶートン

ウーさん

もくじ

5じかんめ　東アジアの古代遺跡

6じかんめ　南アジアの古代遺跡

この本《ほん》の特徴《とくちょう》

ひとつのテーマを、2ページで紹介《しょうかい》します。メインのお話《はなし》（説明《せつめい》）だけでなく、関連《かんれん》する情報《じょうほう》を教《おし》えてくれる「メモ」や、テーマに関係《かんけい》のある豆《まめ》知識《ちしき》を得《え》られる「もっと知《し》りたい」もあります。

また、ちょっと面白《おもしろ》い話題《わだい》を集《あつ》めた「やすみじかん」のページも、本《ほん》の中《なか》にたまに登場《とうじょう》するので、探《さが》してみてくださいね。

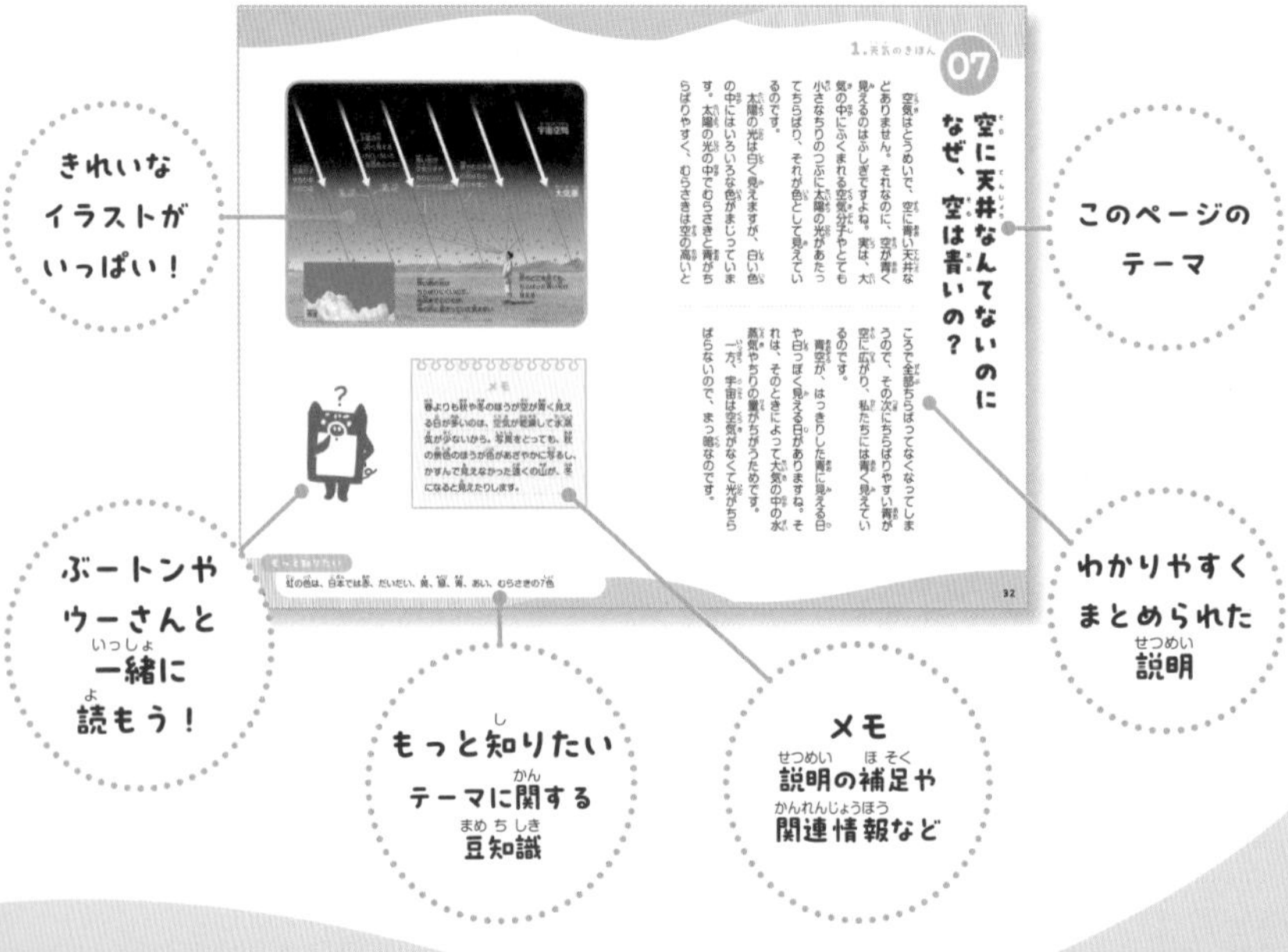

キャラクター紹介《しょうかい》

ぶートン

科学雑誌《かがくざっし》『Newton《ニュートン》』から誕生《たんじょう》したキャラクター。まぁるい鼻《はな》がチャームポイント。

ウーさん

ぶートンの友達《ともだち》。うさぎのような長《なが》い耳《みみ》がじまん。いつもにくまれ口《ぐち》をたたいているけど、にくめないヤツ。

ぶートンは変身《へんしん》もできるよ！

馬《うま》

地上絵《ちじょうえ》

モアイ像《ぞう》

挑戦《ちょうせん》してみよう！ 古《こ》代《だい》遺《い》跡《せき》クイズ

Q

では、第《だい》１問《もん》。エジプトには、人間《にんげん》の頭《あたま》にライオンの体《からだ》をもつ「スフィンクス」とよばれる巨大《きょだい》な石像《せきぞう》があります。スフィンクスは①と②のどちらでしょう？

②

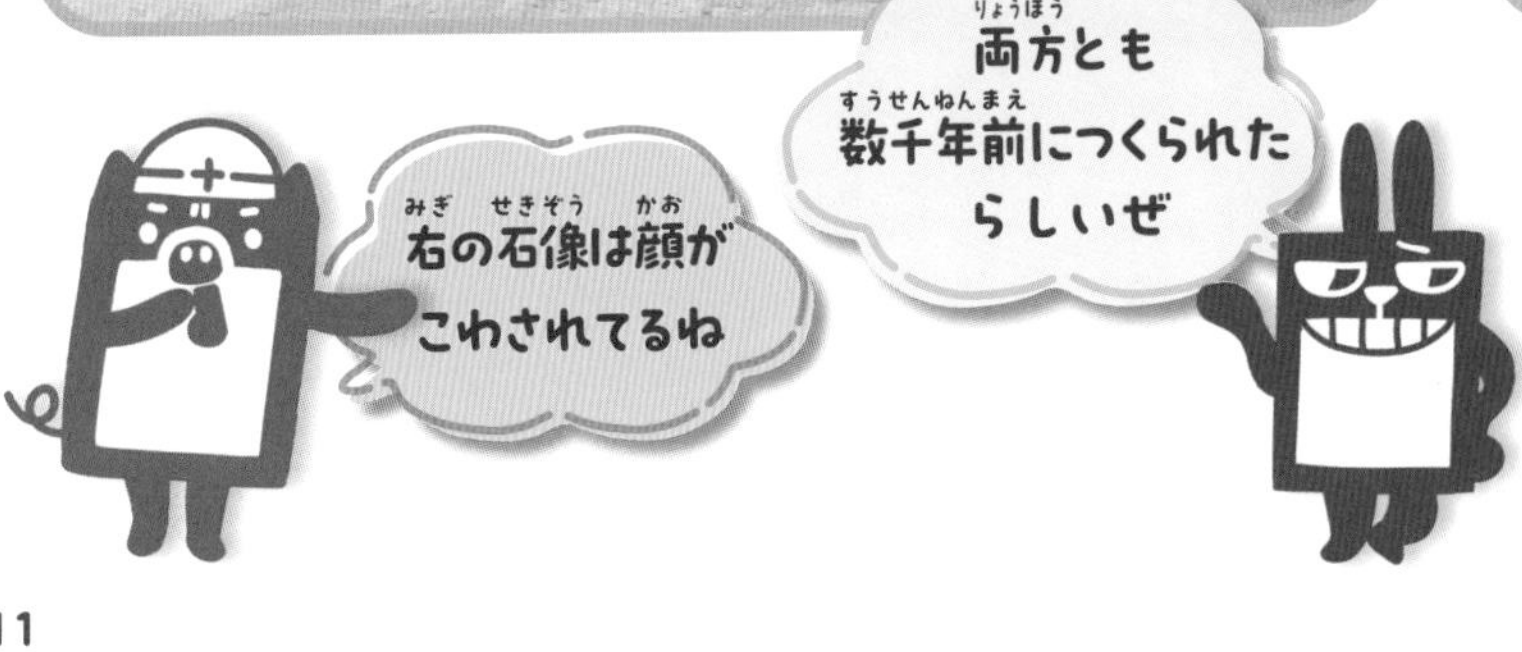
右《みぎ》の石像《せきぞう》は顔《かお》が
こわされてるね
両方《りょうほう》とも
数千年前《すうせんねんまえ》につくられた
らしいぜ

A

こたえは②です。スフィンクスは、動物《どうぶつ》の「伏《ふ》せ」のかっこうで、どこかをみつめています。体長《たいちょう》は73メートルもあるので、ピラミッドにも軽々《かるがる》のぼっちゃうかも？

高《たか》さは
20メートルも
あるらしいぜ！

①はイランのペルセポリス遺跡《いせき》にある牡牛《おうし》（オスの牛《うし》）の像《ぞう》。門《もん》の柱《はしら》にかざられていたが、偶像崇拝《ぐうぞうすうはい》（神《かみ》をかたどった像《ぞう》などをおがむこと）をきらう勢力《せいりょく》に顔《かお》をこわされた。

スフィンクスって、どういう意《い》味《み》かな？

Q

では、第《だい》2問《もん》。左《ひだり》の①〜④の中《なか》に「大王《だいおう》」とよばれておそれられた人《ひと》の像《ぞう》があります。その人物《じんぶつ》の像《ぞう》はどれでしょう？また、ほかの像《ぞう》がだれのものかわかりますか？

強《つよ》そうだから
④できまりだな

A

こたえは③の「アレクサンドロス3世《せい》」です。生《う》まれ故郷《こきょう》のマケドニアからインドまで、あまりにも広大《こうだい》な地域《ちいき》を支配《しはい》したので、「アレクサンドロス大王《だいおう》」とよばれました。

アレクサンドロス大王《だいおう》の生《う》まれ故郷《こきょう》マケドニアの首都《しゅと》ペラの遺跡《いせき》。

前《せん》ページのこたえ：①は老子《ろうし》（中国《ちゅうごく》の道家《どうか》の学者《がくしゃ》）、②は兵馬俑《へいばよう》（始皇帝《しこうてい》の兵隊《へいたい》の人形《にんぎょう》）、④はオルメカヘッド（中米《ちゅうべい》のオルメカ文明《ぶんめい》でつくられた巨石人頭像《きょせきじんとうぞう》）。
このページの画像《がぞう》は、イタリアのポンペイでみつかったモザイク画《が》の中《なか》の大王《だいおう》。

ピラミッド？

上《うえ》は、ある場所《ばしょ》に建《た》つピラミッドです。エジプトのとは、かなり形《かたち》がちがいますね。どこにあるピラミッドでしょう？（ヒントは158ページ）

1

じかんめ

古代遺跡《こだいいせき》のきほん

わたしたちが生《う》まれるずっと前《まえ》から、人々《ひとびと》はこの地球《ちきゅう》でくらしていました。「古代遺跡《こだいいせき》」は、大昔《おおむかし》の人々《ひとびと》がどのくらい前《まえ》に、どこで、どんなふうにくらしていたかを教《おし》えてくれるものです。まずは、遺跡《いせき》ができるまでの歴史《れきし》をみていきましょう。

01

遺跡《いせき》は大昔《おおむかし》の人々《ひとびと》を知《し》るための大切《たいせつ》な手《て》がかり

大昔《おおむかし》の人《ひと》たちは、どこで、どうやってくらしていたのでしょうか。それを調《しら》べるために、世界《せかい》のあちこちで発掘《はっくつ》がおこなわれてきました。そうやってみつかったものが「遺跡《いせき》」です。遺跡《いせき》とは、昔《むかし》の人《ひと》たちのつくった建物《たてもの》やくらしのあとが残《のこ》された場所《ばしょ》なのです。

とても古《ふる》い時代《じだい》のことを「古代《こだい》」といいます。古代《こだい》の人《ひと》たちは、今《いま》のわたしたちとは生活《せいかつ》のようすや使《つか》う道具《どうぐ》がだいぶちがいます。文字《もじ》がちがうこともあります。古代遺跡《こだいいせき》は、それらを知《し》る大切《たいせつ》な手《て》がかりなのです。

遺跡《いせき》でさかのぼれる人類《じんるい》の歴史《れきし》は数《すう》万年《まんねん》です。その中《なか》には、まだ文字《もじ》を使《つか》う前《まえ》の人類《じんるい》が残《のこ》した岩絵《いわえ》もあります。

メモ

「発掘《はっくつ》」とは土《つち》の中《なか》を掘《ほ》って、昔《むかし》の人《ひと》が生《い》きていたあとを探《さが》す作業《さぎょう》のこと。みつかった建物《たてもの》のあとや文字《もじ》などを手《て》がかりに、古代《こだい》の文化《ぶんか》や信仰《しんこう》（神《かみ》や仏《ほとけ》を信《しん》じること）、政治《せいじ》、技術《ぎじゅつ》がどんなものだったかを調《しら》べていく。

アフリカに残《のこ》る岩絵《いわえ》

少《すく》なくとも1万《まん》3000年前《ねんまえ》にえがかれたとされる、動物《どうぶつ》や人《ひと》をえがいた岩絵《いわえ》。アフリカ南部《なんぶ》のジンバブエ共和国《きょうわこく》でみつかった「マトボの丘群《おかぐん》」には、洞窟《どうくつ》の中《なか》に3000か所以上《しょいじょう》の岩絵《いわえ》が残《のこ》されている。ここには石器時代《せっきじだい》から人類《じんるい》がくらしていたようだ。

イランでみつかった信仰《しんこう》のあと

約《やく》2500年前《ねんまえ》のペルシアという国《くに》で信仰《しんこう》を 集《あつ》めていた、ゾロアスター教《きょう》のシンボル「ファラヴァハル」のレリーフ。ゾロアスター教《きょう》は、世界《せかい》で最《もっと》も古《ふる》い一神教《いっしんきょう》の宗教《しゅうきょう》だ。

もっと知《し》りたい

ただ一《ひと》つの神《かみ》を信《しん》じる宗教《しゅうきょう》を「一神教《いっしんきょう》」、複数《ふくすう》の神《かみ》を信《しん》じる宗教《しゅうきょう》を「多神教《たしんきょう》」という。

02 紀元前《きげんぜん》4000年《ねん》には「国《くに》」があった

これまでの発掘調査《はっくつちょうさ》などから、紀元《きげん》前《ぜん》4000年《ねん》には国《くに》があったとみられています。時代《じだい》ごと、地域《ちいき》ごとに、いろいろな国《くに》が生《う》まれては消《き》えていきました。今《いま》はもうない国《くに》でも、遺跡《いせき》からそのことがわかる場合《ばあい》もあるのです。

今《いま》の中東《ちゅうとう》はアケメネス朝《ちょう》ペルシアという巨大《きょだい》な国《くに》が支配《しはい》していた。

ペルシアはアレクサンドロス大《だい》王《おう》に滅《ほろ》ぼされて、なくなってしまった。

ヨーロッパではローマが、東《ひがし》アジアでは匈奴《きょうど》が支配《しはい》する国《くに》ができていた。

ローマは皇帝《こうてい》がおさめる帝国《ていこく》になって領土《りょうど》を広《ひろ》げ、東《ひがし》アジアには後漢《ごかん》ができた。

紀元前《きげんぜん》5世紀《せいき》ごろ

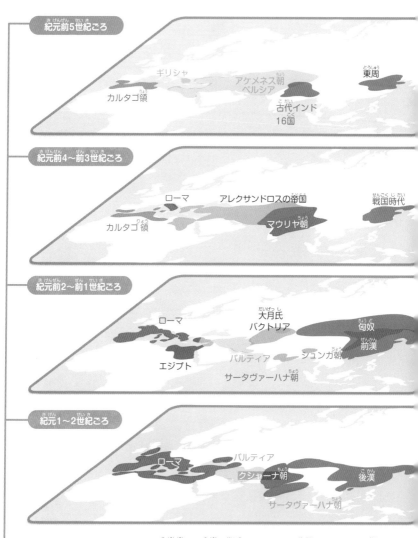

紀元前《きげんぜん》4～前《ぜん》3世紀《せいき》ごろ

紀元前《きげんぜん》2～前《ぜん》1世紀《せいき》ごろ

紀元《きげん》1～2世紀《せいき》ごろ

イラストは、紀元前《きげんぜん》5～紀元《きげん》2世紀《せいき》ごろまでに、世界《せかい》でどのような国《くに》(国家《こっか》)が生《う》まれたり消《き》えたりしたかをあらわしたもの。人類《じんるい》が、いつごろから国《くに》をつくっていたかは、まだはっきりしていない。

もっと知《し》りたい

西暦《せいれき》1年《ねん》より前《まえ》は紀元前《きげんぜん》であらわし、過去《かこ》に向《む》かって年数《ねんすう》を数《かぞ》える。

03 国《くに》は宗教《しゅうきょう》を原動力《げんどうりょく》にして周辺国《しゅうへんこく》を支配《しはい》しながら広《ひろ》がった

多《おお》くの国《くに》（国家《こっか》）は、発展《はってん》しながら領土《りょうど》をふやそうとしました。たとえば皇帝《こうてい》がおさめる帝国《ていこく》は、周辺《しゅうへん》の国《くに》を滅《ほろ》ぼすなどして領土《りょうど》を支配《しはい》していきます。その原動力《げんどうりょく》の一《ひと》つに、キリスト教《きょう》やイスラム教《きょう》などの宗教《しゅうきょう》がありました。

ローマ帝国《ていこく》は西《にし》と東《ひがし》（ビザンツ帝国《ていこく》）に分《わ》かれ、アジアでは遊《ゆう》牧民族《ぼくみんぞく》があらわれた。

中東《ちゅうとう》からアフリカ北部《ほくぶ》にかけて、イスラム帝国《ていこく》（ウマイヤ朝《ちょう》）が支配《しはい》した

イスラム帝国《ていこく》が栄《さか》える一方《いっぽう》、ヨーロッパではキリスト教《きょう》を信仰《しんこう》する国《くに》ができはじめた。

イスラム帝国《ていこく》がいくつもの王朝《おうちょう》にわかれた一方《いっぽう》、東《ひがし》アジアでは遊牧民族《ゆうぼくみんぞく》の帝国《ていこく》ができた。

紀元《きげん》5世紀《せいき》ごろ

紀元《きげん》7世紀《せいき》ごろ

紀元《きげん》8～9世紀《せいき》ごろ

紀元《きげん》9～10世紀《せいき》ごろ

紀元《きげん》5～10世紀《せいき》ごろまでの国《くに》（国家《こっか》）と領土《りょうど》のうつりかわり。イスラム教《きょう》からおきた帝国《ていこく》が勢力《せいりょく》をのばす一方《いっぽう》で、北《きた》から来《き》た民族《みんぞく》（ゲルマン人《じん》）がつくったフランク王国《おうこく》などがキリスト教《きょう》をとりいれながらヨーロッパで栄《さか》えていった。

もっと知《し》りたい

キリスト教《きょう》はローマ帝国《ていこく》で信仰《しんこう》されたことで、ヨーロッパ全体《ぜんたい》に広《ひろ》まった。

04

同《おな》じ地域《ちいき》でも、時代《じだい》によってさまざまな国《くに》が支配《しはい》した

世界《せかい》で国《くに》がいつ生《う》まれ、どれくらいつづいたかを地域《ちいき》ごとにまとめたのが左《ひだり》の図《ず》です。同《おな》じ地域《ちいき》でも、時代《じだい》によって支配《しはい》する国《くに》はさまざまです。たとえば、エジプトは、いくつもの外国人《がいこくじん》によってつぎつぎと支配《しはい》されました。

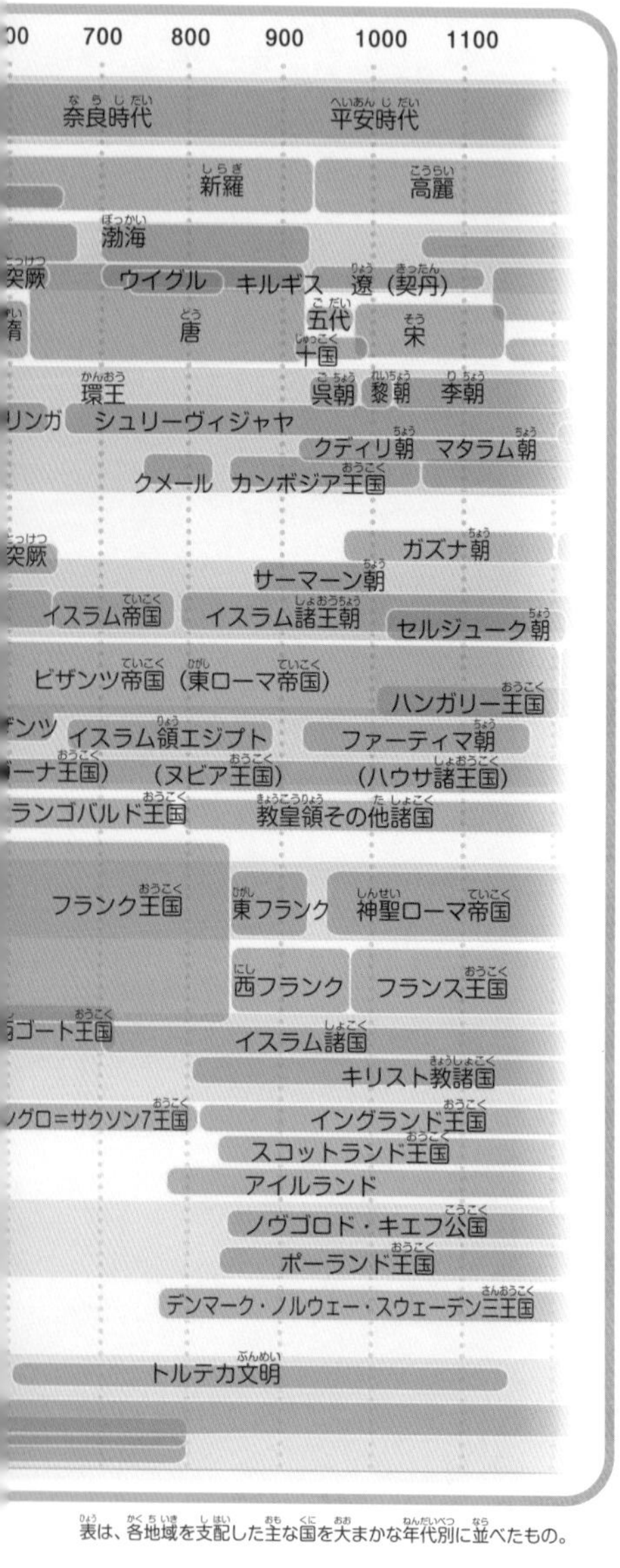

表《ひょう》は、各地域《かくちいき》を支配《しはい》した主《おも》な国《くに》を大《おお》まかな年代別《ねんだいべつ》に並《なら》べたもの。

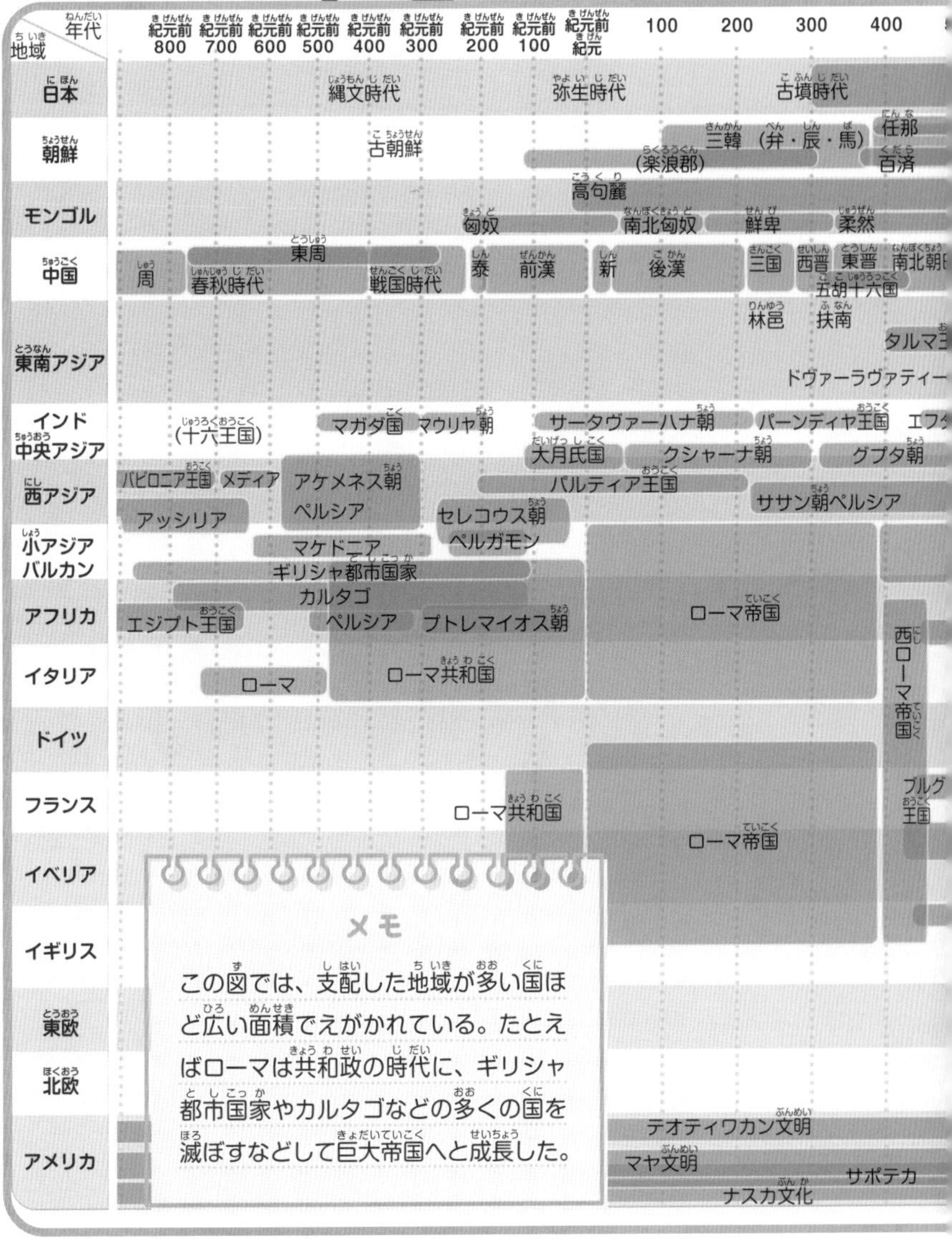

メモ

この図《ず》では、支配《しはい》した地域《ちいき》が多《おお》い国《くに》ほど広《ひろ》い面積《めんせき》でえがかれている。たとえばローマは共和政《きょうわせい》の時代《じだい》に、ギリシャ都市国家《としこっか》やカルタゴなどの多《おお》くの国《くに》を滅《ほろ》ぼすなどして巨大帝国《きょだいていこく》へと成長《せいちょう》した。

もっと知《し》りたい

支配《しはい》する国《くに》の人々《ひとびと》が移《うつ》りすむことで、その土地《とち》をおさめる方法《ほうほう》を「植民《しょくみん》」という。

05 文明《ぶんめい》が生《う》まれた場所《ばしょ》に国《くに》ができ、後世《こうせい》に遺跡《いせき》を残《のこ》すほど発展《はってん》した

古代《こだい》遺跡《いせき》は大昔《おおむかし》、その場所《ばしょ》に人々《ひとびと》がくらしていたことを示《しめ》すものといえます。では、どのような地域《ちいき》で人々《ひとびと》は国《くに》をつくり、後世《こうせい》に遺跡《いせき》として残《のこ》るような発展《はってん》をとげたのでしょうか？

　このことをかんがえるときに大《だい》事《じ》なのが「文明《ぶんめい》」です。

　世界《せかい》をみわたすと、紀元前《きげんぜん》3000年《ねん》ごろまでに、4つの大《おお》きな巨大文明《きょだいぶんめい》があらわれました。メソ

カナダ

アメリカ合衆国《がっしゅうこく》

8じかんめ アメリカ大陸《たいりく》

メモ

ヨーロッパからみて東側《ひがしがわ》、現在《げんざい》の中東《ちゅうとう》あたりは「オリエント」とよばれる。西《にし》アジアやエジプトで栄《さか》えた文明《ぶんめい》を「オリエント文明《ぶんめい》」とよぶこともある。

ニュージーランド

ポタミア文明《ぶんめい》、エジプト文明《ぶんめい》、インダス文明《ぶんめい》、黄河《こうが》（中国《ちゅうごく》）文明《ぶんめい》です。これらの周辺《しゅうへん》では、さまざまな国《くに》が生《う》まれました。これ以外《いがい》の場所《ばしょ》でも、ミノア（クレタ）文《ぶん》明《めい》、メソアメリカ文明《ぶんめい》など、多《おお》くの文明《ぶんめい》が生《う》まれています。文明《ぶんめい》の影響《えいきょう》を受《う》けた多《おお》くの国《くに》の歴史《れきし》が遺《い》跡《せき》として残《のこ》ったのです。

この本《ほん》では、2じかんめから8じかんめまで、世界《せかい》のそれぞれの地域《ちいき》ごとに遺跡《いせき》を紹介《しょうかい》していきます。

世界《せかい》の古代文明《こだいぶんめい》

世界各地《せかいかくち》の遺跡《いせき》は、地図中《ちずちゅう》に示《しめ》した章《しょう》で地域《ちいき》ごとに紹介《しょうかい》する。遺跡《いせき》として残《のこ》るほど発展《はってん》した国々《くにぐに》を生《う》み出《だ》すことになる4つの巨大文明《きょだいぶんめい》は、いずれも大《おお》きな川《かわ》の流域《りゅういき》にあらわれた。エジプト文明《ぶんめい》はナイル川《がわ》、メソポタミア文明《ぶんめい》はティグリス川《がわ》とユーフラテス川《がわ》、インダス文明《ぶんめい》はガンジス川《かわ》、中国文明《ちゅうごくぶんめい》は黄河《こうが》だ。

もっと知《し》りたい

オリエントは、ラテン語《ご》（ローマ帝国《ていこく》の言語《げんご》）で「日《ひ》が昇《のぼ》る方角《ほうがく》」という意味《いみ》。

06 しゃしんギャラリー 遺《い》跡《せき》はなにを教《おし》えてくれる？

遺跡《いせき》は、多《おお》くのことを教《おし》えてくれます。たとえば、左《ひだり》の写真《しゃしん》は、サウジアラビアでみつかった古代都市《こだいとし》の遺跡《いせき》です。これとそっくりな、岩《いわ》にほられた神殿《しんでん》のような遺跡《いせき》がヨルダンにもあります（下《した》の枠内《わくない》の写真《しゃしん》）。

これらの建造物《けんぞうぶつ》は、紀元前《きげんぜん》2世紀《せいき》以《い》降《こう》にヨルダン中部《ちゅうぶ》で栄《さか》えたナバテア王《おう》国《こく》の人々《ひとびと》がつくりました。このことから、この王国《おうこく》の領土《りょうど》は現在《げんざい》の2つの国《くに》にまたがっていたことがわかります。

映画《えいが》でみたこと
あるよ

エル・カズネ

ヨルダン中部《ちゅうぶ》にあるペトラ遺跡《いせき》の一部《いちぶ》で、王《おう》の墓《はか》ともいわれるエル・カズネ（宝物殿《ほうもつでん》）。岩《いわ》にほられた彫刻《ちょうこく》には、古代《こだい》ギリシャの建造物《けんぞうぶつ》の特徴《とくちょう》がみられる。また、エジプトで信仰《しんこう》されたイシス神《しん》もほられている。ナバテア人《じん》は、さまざまな文化《ぶんか》を取《と》り入《い》れていたようだ。

アル・ヒジュル（マダイン・サーレハ）

サウジアラビアのアル・ヒジュル（岩《いわ》だらけの場所《ばしょ》）は、岩《いわ》にほられた墓《はか》のある遺跡《いせき》だ。神殿《しんでん》のような建造物《けんぞうぶつ》は、紀元前《きげんぜん》1世紀《せいき》ごろに、このあたりにいたナバテア人《にん》がつくったとされる。岩《いわ》に残《のこ》る彫刻《ちょうこく》には、当時《とうじ》の地中海《ちちゅうかい》全域《ぜんいき》を支配《しはい》していたローマ帝国《ていこく》の影響《えいきょう》がみられる。

もっと知《し》りたい

マダイン・サーレハは「サーリフ（イスラム教《きょう》の使徒《しと》の1人《り》）の町《まち》」という意味《いみ》。

07 遺跡《いせき》として残《のこ》らなかった建造物《けんぞうぶつ》「ロードスの巨像《きょぞう》」

古代《こだい》の建造物《けんぞうぶつ》のほとんどは、後世《こうせい》まで残《のこ》らなかったはずです。それにもかかわらず、当時《とうじ》あったことが知《し》られているものがあります。

たとえば「世界《せかい》の七不思議《ななふしぎ》」の一《ひと》つ「ロードスの巨像《きょぞう》」があげられます。この巨像《きょぞう》は、エーゲ海《かい》の南東部《なんとうぶ》にあるロードス島《とう》で紀元前《きげんぜん》292年《ねん》ごろにつくられたとされています。そのようすは、当時《とうじ》の学者《がくしゃ》が書《か》いた著書《ちょしょ》から知《し》ることができるのです。

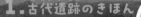

高《たか》さ36メートルの太陽神《たいようしん》

ローマの学者《がくしゃ》プリニウスが書《か》いた『博物《はくぶつ》誌《し》』によると、ロードス島《とう》にあった太陽神《たいようしん》ヘリオスの巨像《きょぞう》は、高《たか》さが36メートルもあった。紀元前《きげんぜん》300年《ねん》ごろ、ロードス島《とう》の人々《ひとびと》はマケドニアから攻撃《こうげき》を受《う》けるも、たえぬいた。それを記念《きねん》して建《た》てたのが、この巨像《きょぞう》だという。

メモ

世界《せかい》の七不思議《ななふしぎ》とは、古代《こだい》ギリシャの学者《がくしゃ》フィロンが『世界《せかい》の7つの景観《けいかん》』の中《なか》で紹介《しょうかい》した7つの建造物《けんぞうぶつ》（36ページ）のこと。

もっと知《し》りたい

ロードスの巨像《きょぞう》は、わずか66年後《ねんご》に地震《じしん》によってくずれたとされている。

08

ほんの一部《いちぶ》だけ遺跡《いせき》として残《のこ》った「アレクサンドリアの灯台《とうだい》」

「世界《せかい》の七不思議《ななふしぎ》」にあげられた建《けん》造物《ぞうぶつ》（36ページ）のうち、今《いま》も残《のこ》っているのはギザのピラミッドだけです。ただし、現代《げんだい》になってから一部《いちぶ》がみつかったものもあります。エジプトのナイル川河口《がわかこう》にあるファロス島《とう》に建《た》っていた「アレクサンドリアの灯台《とうだい》」です。

1995年《ねん》、ファロス島《とう》のまわりの海底調査《かいていちょうさ》で、灯台《とうだい》の一部《いちぶ》とみられる石《せき》材《ざい》や彫像《ちょうぞう》がみつかりました。このような大発見《だいはっけん》が、今後《こんご》の発掘《はっくつ》でおきるかもしれません。

灯台《とうだい》にかざられていた像《ぞう》？

海《うみ》の中《なか》から引《ひ》きあげられた、古代《こだい》エジプトの女神《めがみ》イシスとみられる彫像《ちょうぞう》の一部《いちぶ》。灯台《とうだい》にかざられていたものかもしれない。

高《たか》さ120メートルの灯台《とうだい》

ユフスが書《か》いた『入門書《にゅうもんしょ》』によると、紀元前《きげんぜん》250年《ねん》ごろに完成《かんせい》したファロスの灯台《とうだい》は高《たか》さが120メートルもあった。てっぺんの彫像《ちょうぞう》までふくめると140メートルにもなったようだ。大灯台《だいとうだい》の光《ひかり》は、全方向《ぜんほうこう》を56キロメートル先《さき》まで照《て》らした。しかし、796年《ねん》の地震《じしん》で倒《たお》れた。

もっと知《し》りたい

796年《ねん》の地震《じしん》で倒壊《とうかい》した灯台《とうだい》は、1303年《ねん》と1323年《ねん》の地震《じしん》で完全《かんぜん》に姿《すがた》を消《け》した。

やすみじかん

世界《せかい》の七不思議《ななふしぎ》って？

フィロン（33ページ）があげた「世界《せかい》の七《なな》不思議《ふしぎ》」とは、「ギザのピラミッド」「バビロンの空中庭園《くうちゅうていえん》」「オリンピアのゼウス像《ぞう》」「エフェソスのアルテミス神殿《しんでん》」「ハリカルナッソスのマウソロス王《おう》の墓廟《ぼびょう》」「ロードスの巨像《きょぞう》」「アレクサンドリアの灯台《とうだい》」の7つです。「世界《せかい》」といっても、当時《とうじ》のギリシャ人《じん》が訪《おとず》れることのできた地中海周辺《ちちゅうかいしゅうへん》に限《かぎ》られています。

エフェソスのアルテミス神殿《しんでん》

マウソロスの墓廟《ぼびょう》「マウソレウム」

遺跡《いせき》として残《のこ》らなくても文字《もじ》として残《のこ》れば、後世《こうせい》に伝《つた》わる。七不思議《ななふしぎ》はそのよい例《れい》だ。

2
じかんめ

アフリカ大陸《たいりく》の古代遺跡《こだいいせき》

古代遺跡《こだいいせき》と聞《き》いて真《ま》っ先《さき》に思《おも》い浮《う》かぶのは、エジプトのピラミッドかもしれません。アフリカで誕生《たんじょう》した多《おお》くの国《くに》の中《なか》でも、古代《こだい》エジプト王国《おうこく》は現代人《げんだいじん》もびっくりする文化《ぶんか》を生《う》み出《だ》しました。ここでは、古代《こだい》エジプトを中心《ちゅうしん》に、アフリカの遺跡《いせき》をみていきましょう。

古代遺跡《こだいいせき》のチャンピオン？

01 古代《こだい》エジプト以外《いがい》にもたくさんの王国《おうこく》が生《う》まれた

古代文明《こだいぶんめい》の一《ひと》つ「エジプト文《ぶん》明《めい》」は、紀元前《きげんぜん》3000年《ねん》ごろに北《きた》アフリカを流《なが》れるナイル川流域《がわりゅういき》で誕生《たんじょう》しました。アフリカでは、川《かわ》の周辺《しゅうへん》で栄《さか》えた王国《おうこく》や集落《しゅうらく》がたくさんあります。アフリカ中部《ちゅうぶ》のガーナ王国《おうこく》、ソンガイ王国《おうこく》などはニジェール川流域《がわりゅういき》にありますし、南部《なんぶ》のモノモタパ王国《おうこく》は、リンポポ川《がわ》などの影響《えいきょう》で豊《ゆた》かになった土《と》地《ち》で生《う》まれています。

主《おも》な王国《おうこく》・王朝《おうちょう》のうつりかわり

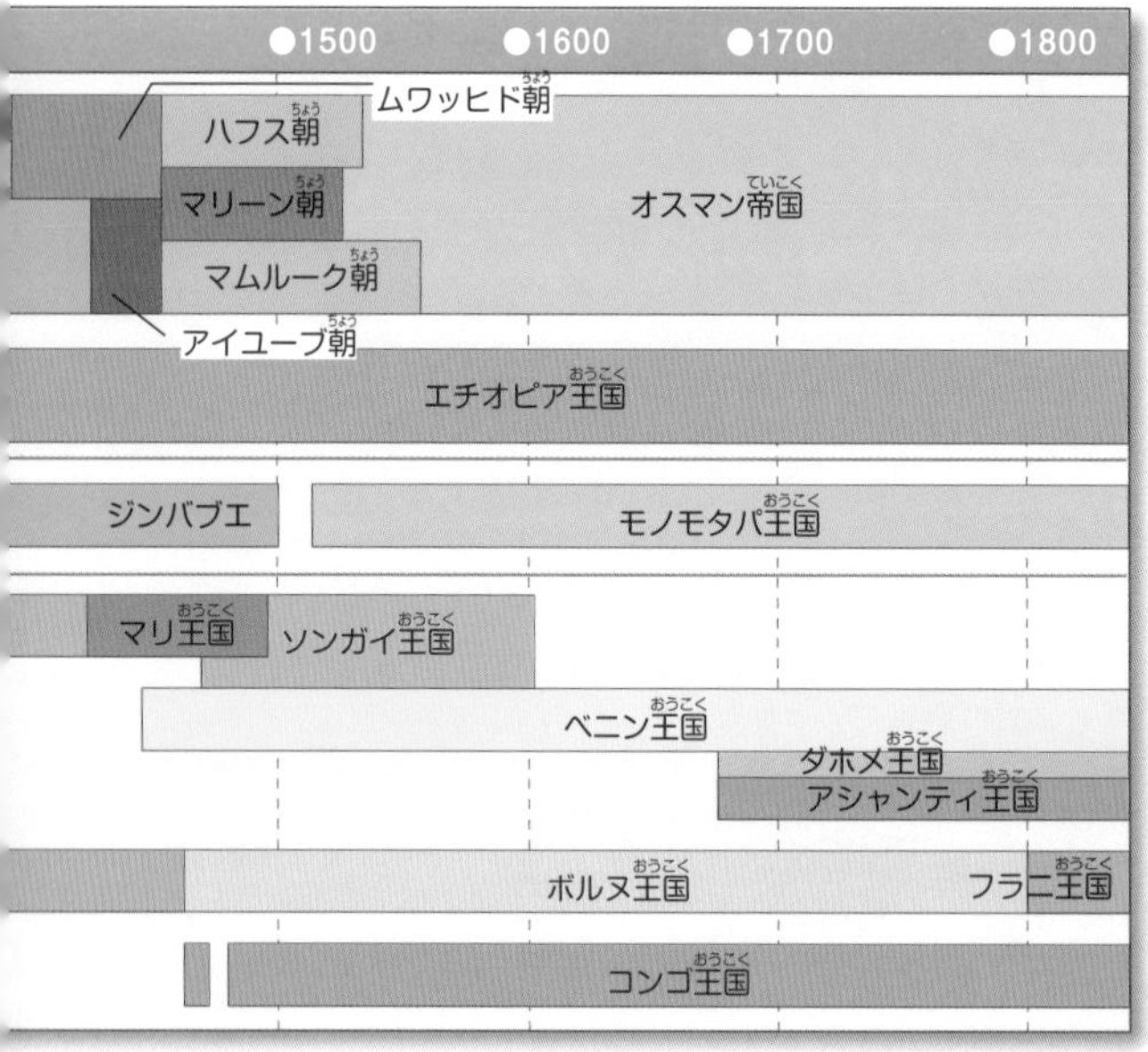

地中海《ちちゅうかい》に面《めん》している北《きた》アフリカは、強大《きょうだい》なローマやイスラム国家《こっか》などにねらわれ、やがて支配《しはい》される時代《じだい》がやってきます。その歴史《れきし》は遺跡《いせき》からみることができるのです。

北《きた》アフリカのムワッヒド朝《ちょう》やムラービト朝《ちょう》は、どちらもイスラム王朝《おうちょう》。アフリカの王国《おうこく》の多《おお》くは消《き》えたとみられるが、グレート・ジンバブエなど、遺跡《いせき》がみつかった国《くに》もある。

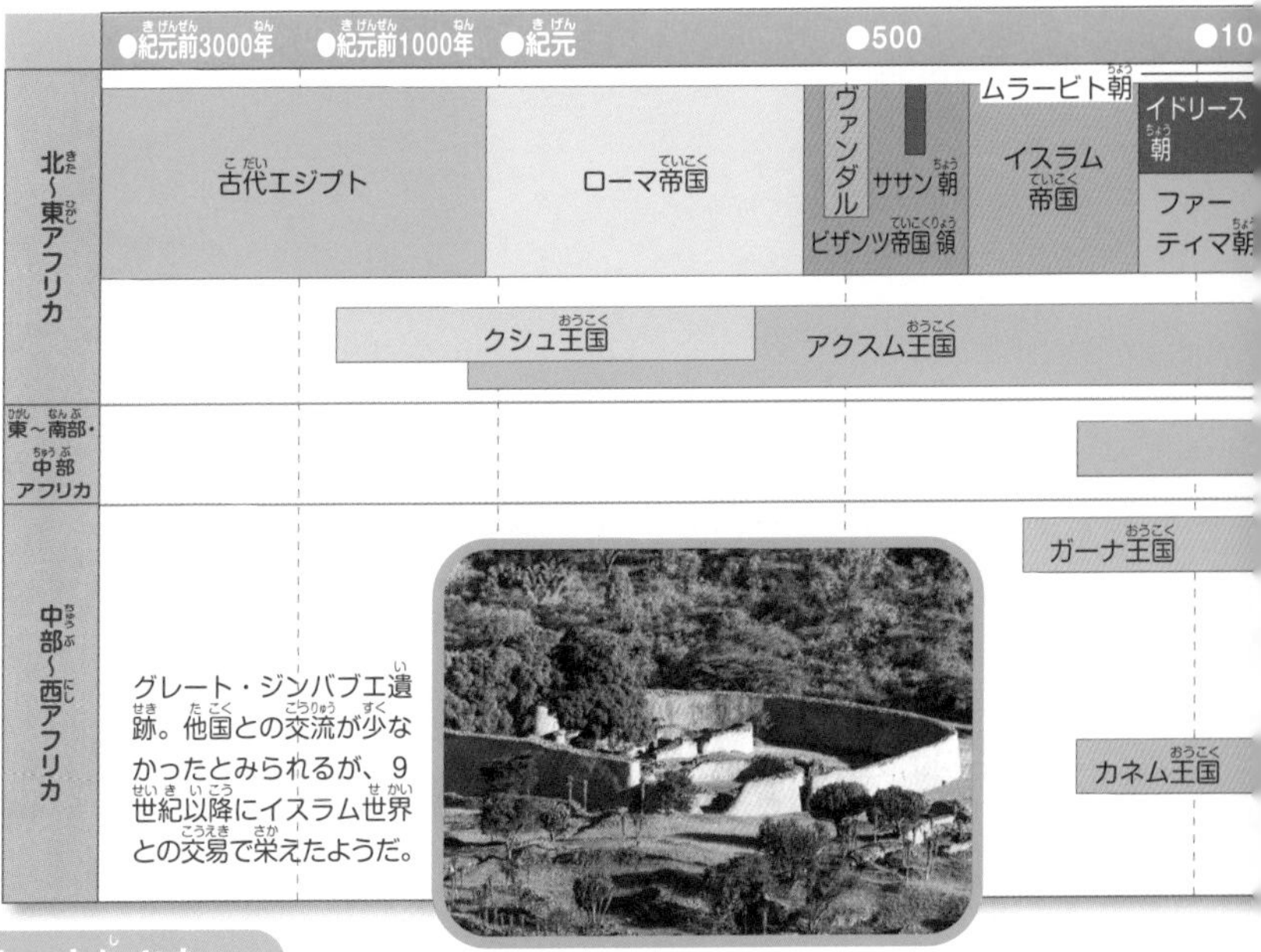

グレート・ジンバブエ遺跡《いせき》。他国《たこく》との交流《こうりゅう》が少《すく》なかったとみられるが、9世紀以降《せいきいこう》にイスラム世界《せかい》との交易《こうえき》で栄《さか》えたようだ。

もっと知《し》りたい

古代《こだい》エジプトの王《おう》には「ファラオ」という呼《よ》び方《かた》（称号《しょうごう》）がある。

02 ナイル川《がわ》に沿《そ》ってつくられた古《こ》代《だい》エジプト王《おう》国《こく》の建《けん》造《ぞう》物《ぶつ》

ナイル川《がわ》の水《みず》は、毎年夏《まいとしなつ》に洪水《こうずい》をおこしたことで有名《ゆうめい》です。実《じつ》はこれによって、作物《さくもつ》がよく育《そだ》つ土《と》地《ち》ができ、古代《こだい》エジプト王国《おうこく》の農《のう》業《ぎょう》が発達《はったつ》したのです。

恵《めぐ》まれた土地《とち》とそこに生《い》きる人々《ひとびと》をうまくおさめた国王《こくおう》は、やがて、その力《ちから》を示《しめ》すための建造物《けんぞうぶつ》をつくるようになります。その最《さい》大《だい》のものがピラミッドなのです。古代《こだい》エジプトは、ナイル川上流《がわじょうりゅう》

主《おも》な遺跡《いせき》と都市《とし》

エジプト王国《おうこく》は、時代《じだい》ごとにつくられる建造物《けんぞうぶつ》がかわっていく。3大《だい》ピラミッドは古王国時《こおうこくじ》代《だい》に、広《ひろ》くてかたい岩盤《がんばん》のある下《しも》エジプトに多《おお》くつくられた。新王国時代《しんおうこくじだい》には、上《かみ》エジプトでみられる神殿《しんでん》が多《おお》くつくられた。

の「上《かみ》エジプト」と、ナイル川《がわ》の河口《かこう》にできたデルタ地帯《ちたい》「下《しも》エジプト」にわけられます。古代《こだい》エジプト文明《ぶんめい》の遺跡《いせき》は、上《かみ》エジプトから下《しも》エジプトにかけて、点々《てんてん》とみつかっています。イラストで、確《たし》かめましょう。

メモ

エジプト王国《おうこく》は、紀元前《きげんぜん》3000年《ねん》ごろに上《かみ》エジプトと下《しも》エジプトが一《ひと》つの王朝《おうちょう》となったことで生《う》まれ、紀元前《きげんぜん》30年《ねん》にローマ帝国《ていこく》に滅《ほろ》ぼされるまで3000年《ねん》ほど栄《さか》えた(52ページ)。古王国《こおうこく》、中王国《ちゅうおうこく》、新王国《しんおうこく》など、いくつかの時代《じだい》にわけられる。

もっと知《し》りたい

現在《げんざい》のナイル川《がわ》は、上流《じょうりゅう》のダムのおかげで水《みず》があふれることはほぼない。

03 ピラミッドはなんのためにつくられたのか？

ピラミッドがつくられた理由《りゆう》は、実《じつ》はよくわかっていません。王《おう》の墓《はか》というのが有力《ゆうりょく》ですが、死《し》体《たい》（ミイラ）や装飾品《そうしょくひん》はみつかっていないのです。

古王国《こおうこく》のスネフェル王《おう》は「屈折《くっせつ》ピラミッド」や「赤《あか》いピラミッド」など、複数《ふくすう》のピラミッドをつくりました。ピラミッドが墓《はか》なら、自《じ》分《ぶん》の墓《はか》をいくつもつくるものなのか、ギモンが残《のこ》ります。なぞは深《ふか》

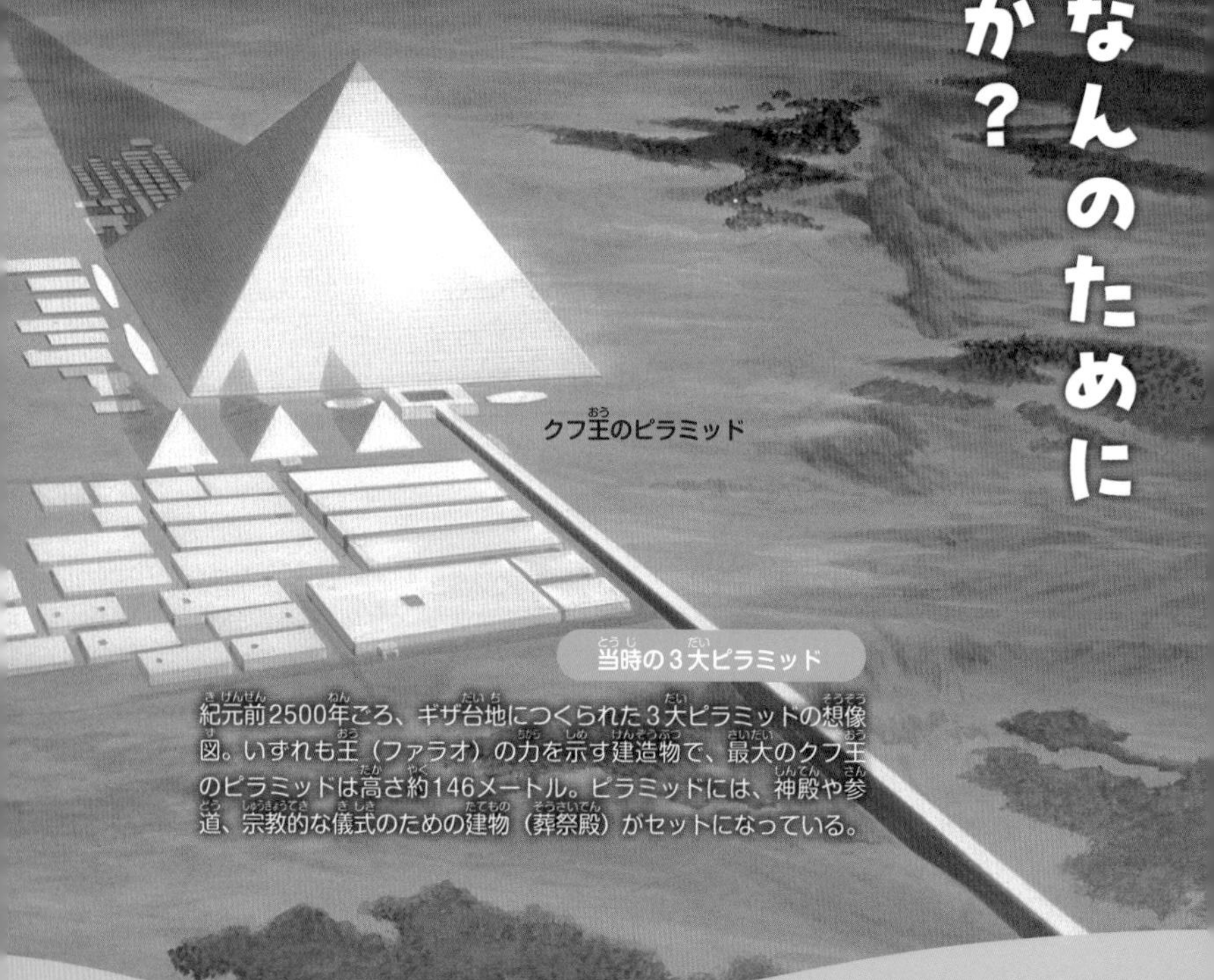

当時《とうじ》の3大《だい》ピラミッド

紀元前《きげんぜん》2500年《ねん》ごろ、ギザ台地《だいち》につくられた3大《だい》ピラミッドの想像《そうぞう》図《ず》。いずれも王《おう》（ファラオ）の力《ちから》を示《しめ》す建造物《けんぞうぶつ》で、最大《さいだい》のクフ王《おう》のピラミッドは高《たか》さ約《やく》146メートル。ピラミッドには、神殿《しんでん》や参《さん》道《どう》、宗教的《しゅうきょうてき》な儀式《ぎしき》のための建物《たてもの》（葬祭殿《そうさいでん》）がセットになっている。

まりますが、儀式用《ぎしきよう》の建物《たてもの》だったことはまちがいないようです。

頭《あたま》は人間《にんげん》だが、ライオンの体《からだ》をもつ巨大《きょだい》な石像《せきぞう》。カフラー王《おう》のピラミッドの参道《さんどう》の前《まえ》にある。全長約《ぜんちょうやく》73メートル、高《たか》さ約《やく》20メートル。「シェセプ・アンク（再生復活《さいせいふっかつ》の姿《すがた》）」とされ、ギリシャ神話《しんわ》などにも登場《とうじょう》する。

もっと知《し》りたい

シェセプ・アンクをギリシャ人《じん》がなまって発音《はつおん》し、スフィンクスになったという。

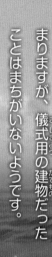

04

クフ王《おう》の大《だい》ピラミッドはどうやってつくられた？

近《ちか》くでみたピラミッド

5 キャップストーンをはめる
6 化《け》粧《しょう》石《いし》をみがいて完成《かんせい》

ピラミッドの一辺《いっぺん》は230メートルもあるよ

クフ王《おう》のピラミッドでつかわれている石《いし》の重《おも》さは、１つ約《やく》２・５トンです。この石《いし》をつかって高《たか》さ約《やく》１４６メートルのピラミッドにつみあげる作業《さぎょう》を、今《いま》のような建築技術《けんちくぎじゅつ》がない５０００年前《ねんまえ》にどうやっておこなったのでしょうか？

多《おお》くの説《せつ》がありますが、だいたい上《うえ》のイラストのようにつくられたとかんがえられています。

① 基礎《きそ》づくり

ピラミッドは、完成時《かんせいじ》に上《うえ》からかかるぼう大《だい》な重圧《じゅうあつ》に耐《た》えられるように、岩盤《がんばん》の上《うえ》に建《た》てられた。建設地《けんせつち》の縦横《じゅうおう》に水路《すいろ》を掘《ほ》り、水面《すいめん》の高《たか》さに合《あ》わせて地表《ちひょう》の凸凹《でこぼこ》をけずる。最後《さいご》に溝《みぞ》を埋《う》めて岩盤《がんばん》を水平《すいへい》にした。

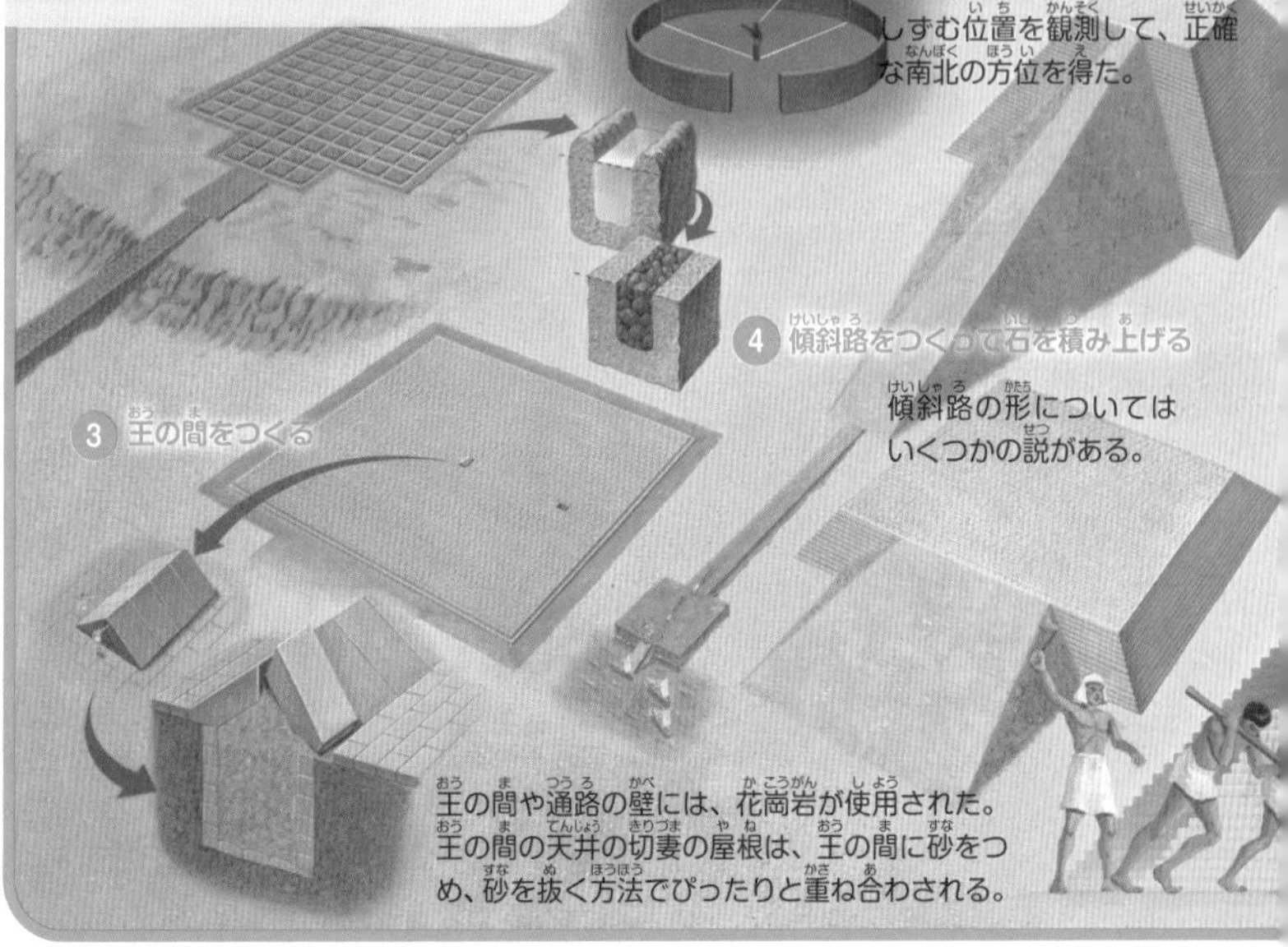

② 方位《ほうい》をはかる

ある特定《とくてい》の星《ほし》がのぼる位置《いち》としずむ位置《いち》を観測《かんそく》して、正確《せいかく》な南北《なんぼく》の方位《ほうい》を得《え》た。

③ 王《おう》の間《ま》をつくる

王《おう》の間《ま》や通路《つうろ》の壁《かべ》には、花崗岩《かこうがん》が使用《しよう》された。王《おう》の間《ま》の天井《てんじょう》の切妻《きりづま》の屋根《やね》は、王《おう》の間《ま》に砂《すな》をつめ、砂《すな》を抜《ぬ》く方法《ほうほう》でぴったりと重《かさ》ね合《あ》わされる。

④ 傾斜路《けいしゃろ》をつくって石《いし》を積《つ》み上《あ》げる

傾斜路《けいしゃろ》の形《かたち》についてはいくつかの説《せつ》がある。

石《いし》を置《お》く土地《とち》を水平《すいへい》にしたり、ピラミッドがほぼ正確《せいかく》に南《なん》北《ぼく》を向《む》くよう方位《ほうい》をはかったり、傾斜路《けいしゃろ》（スロープ）をつかって石《いし》を上《うえ》に運《はこ》んだりと、高《たか》い技術《ぎじゅつ》がつかわれたはずです。スロープは日乾《ひぼ》しレンガでつくられたとみられています。

メモ

クフ王《おう》のピラミッドには250万個以上《まんこいじょう》の石《いし》がつかわれている。たんに石《いし》がつみあげられただけの建造物《けんぞうぶつ》ではなく、内《ない》部《ぶ》には空間《くうかん》（部屋《へや》）があって、外《そと》に出《で》るための出口《でぐち》もある。こうした構造《こうぞう》も計算《けいさん》しながら石《いし》をつみあげていったようだ。

もっと知《し》りたい

ピラミッドの石《いし》の多《おお》くはギザの近《ちか》くで採掘《さいくつ》され、ナイル川《がわ》をつかって運《はこ》ばれた。

「王家《おうけ》の谷《たに》」とよばれる岩山《いわやま》に多《おお》くの王《おう》たちの墓《はか》がある

紀元前《きげんぜん》1500年《ねん》ごろになると、王《おう》の墓《はか》は岩《いわ》の中《なか》につくられるようになりました。上《かみ》エジプトのルクソールには、王《おう》の墓《はか》がたくさん集《あつ》まった「王家《おうけ》の谷《たに》」とよばれる遺跡《いせき》があります。

古代《こだい》のルクソールはテーベとよばれていました。テーベでは、ナイル川《がわ》をはさんで東側《ひがしがわ》と西側《にしがわ》は別世界《べっせかい》とされていたようです。東岸《とうがん》は生《い》きている人《ひと》や神々《かみがみ》がすむ世界《せかい》、西岸《せいがん》は死者《ししゃ》のための世界《せかい》です。

神々《かみがみ》がすむ東岸《とうがん》では、「カルナック神殿《しんでん》」や「ルクソール神殿《しんでん》」などがつくられました。一方《いっぽう》、西岸《せいがん》では、王家《おうけ》の谷《たに》のほか、ミイラを安置《あんち》する場所《ばしょ》などがつくられました。

メモ

王家《おうけ》の谷《たに》の墓《はか》の多《おお》くは、死体《したい》（ミイラ）や装飾品《そうしょくひん》が盗《ぬす》まれていることが多《おお》い。ツタンカーメン王《おう》の墓《はか》は、ぐうぜん入《い》り口《ぐち》がかくれていたので、3000年間《ねんかん》も守《まも》られた。墓《はか》からは、王《おう》のミイラがかぶっていた黄金《おうごん》のマスク（48ページ）などがみつかっている。

東岸《とうがん》のルクソール神殿《しんでん》

テーベの神《かみ》であるアメン神《しん》のための神殿《しんでん》。2.7キロメートルもある参道《さんどう》の両側《りょうがわ》には、何体《なんたい》もスフィンクスが並《なら》んでいる。アメン神《しん》と、古代《こだい》エジプトで古《ふる》くから信仰《しんこう》されていた太陽神《たいようしん》ラーが一体《いったい》化《か》した神《かみ》「アメン=ラー」の信仰《しんこう》が、新王国時代《しんおうこくじだい》（52ページ）から広《ひろ》まった。

西岸《せいがん》の王家《おうけ》の谷《たに》

王家《おうけ》の谷《たに》は、東谷《とうこく》と西谷《さいこく》からなる。「建築王《けんちくおう》」といわれたラメセス2世《せい》や、ツタンカーメン王《おう》など、歴代《れきだい》のファラオたちの墓《はか》がつくられた。

もっと知《し》りたい

アメンヘテプ3世《せい》と4世《せい》は多神教《たしんきょう》のエジプトを一神教《いっしんきょう》にかえたが広《ひろ》まらなかった。

06

古代《こだい》エジプトではなぜミイラがつくられたのか？

古代《こだい》エジプトの数《かず》あるなぞの一《ひと》つに、ミイラがあります。その全身《ぜんしん》は包帯《ほうたい》でまかれていて、数千年前《すうせんねんまえ》の体《からだ》とは思《おも》えないほど、人《ひと》の姿《すがた》をたもっているものもあります。脳《のう》みそや内臓《ないぞう》は体《からだ》からとりのぞかれて、壺《つぼ》の中《なか》におさめられました。

ではなぜ、古代《こだい》エジプトではミイラがつくられたのでしょう?

その理由《りゆう》は死後《しご》、人《ひと》は来世《らいせ》で生《い》き

ツタンカーメン王《おう》のミイラにかぶせられていた黄金《おうごん》のマスク。1922年《ねん》にイギリスのエジプト学者《がくしゃ》ハワード・カーターによって発見《はっけん》された。重《おも》さは約《やく》11キログラム。

返《かえ》って、永遠《えいえん》の命《いのち》を得《え》るとされていたからです。生《い》き返《かえ》ったあとは、どうしても肉体《にくたい》が必要《ひつよう》です。そこで、体《からだ》が腐《くさ》らないようにミイラにしたというわけです。

ミイラづくりは、身分《みぶん》の高《たか》い王《おう》だけでなく、市民《しみん》たちもおこなっていたといいます。

メモ

ミイラにされた死体《したい》は、人《ひと》の形《かたち》をした木《き》の棺《ひつぎ》に入《い》れられ、ふたをしたあとで埋葬《まいそう》された。

ミイラの作《つく》り方《かた》

これ、ラメセス2世《せい》のミイラなのか！

ギリシャの歴史家《れきしか》ヘロドトスは、ミイラの作《つく》り方《かた》を次《つぎ》のように記録《きろく》している。①専門《せんもん》の器具《きぐ》で鼻《はな》から脳《のう》みそをとり出《だ》す。②脇腹《わきばら》を切《き》って内臓《ないぞう》をとり出《だ》す。③内臓《ないぞう》はヤシ油《あぶら》などで洗《あら》って、天然《てんねん》のソーダに70日間《にちかん》つける。④70日《にち》後《ご》、全身《ぜんしん》に包帯《ほうたい》をまいて、ゴムをぬる。

もっと知《し》りたい

死体《したい》からとり出《だ》した内臓《ないぞう》をおさめる壺《つぼ》は「カノポス」とよばれる。

07

しゃしんギャラリー

アブ・シンベル神殿《しんでん》

紀元前《きげんぜん》1200年《ねん》ごろ、エジプト各《かく》地《ち》に多《おお》くの建造物《けんぞうぶつ》をつくったラメセス2世《せい》は、自分自身《じぶんじしん》をかたどった像《ぞう》をつくって力《ちから》を示《しめ》しました。中《なか》でも、アブ・シンベル神殿《しんでん》には、高《たか》さ20メートルのラメセス2世像《せいぞう》が4体《たい》もあります。

岩《いわ》の中《なか》の大神殿《たいしんでん》

正面《しょうめん》の高《たか》さが33メートル、幅《はば》が38メートルの大神殿《だいしんでん》は、岩《いわ》を掘《ほ》ってつくられた。神殿《しんでん》の内部《ないぶ》には、アメン・ラー神《しん》などと並《なら》んで、ラメセス2世《せい》の像《ぞう》も置《お》かれている。

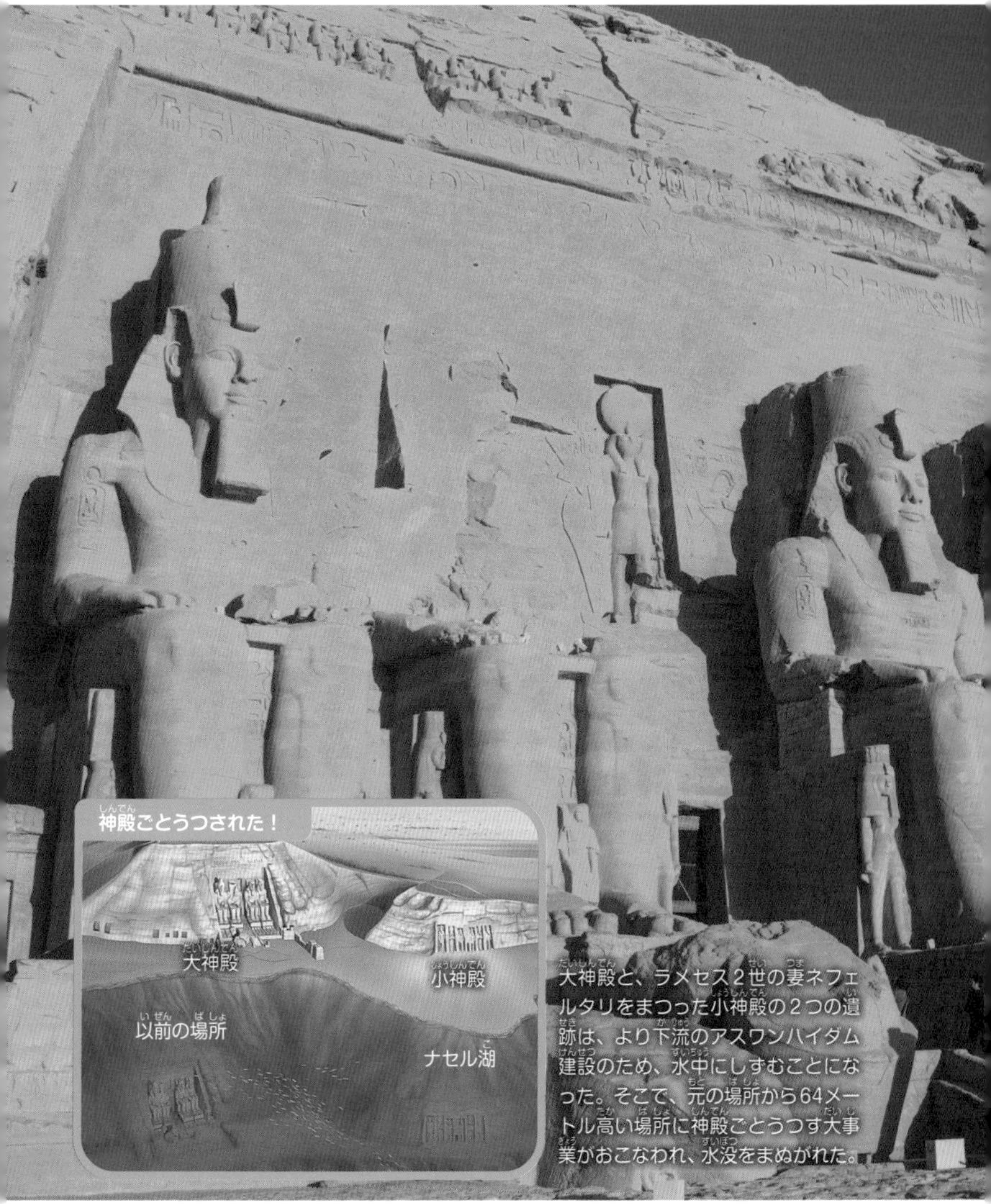

大神殿《だいしんでん》と、ラメセス２世《せい》の妻《つま》ネフェルタリをまつった小神殿《しょうしんでん》の２つの遺《い》跡《せき》は、より下流《かりゅう》のアスワンハイダム建設《けんせつ》のため、水中《すいちゅう》にしずむことになった。そこで、元《もと》の場所《ばしょ》から64メートル高《たか》い場所《ばしょ》に神殿《しんでん》ごとうつす大事《だいじ》業《ぎょう》がおこなわれ、水没《すいぼつ》をまぬがれた。

もっと知《し》りたい

大神殿内《だいしんでんない》のラメセス２世像《せいぞう》は、年《ねん》に２回《かい》だけ太陽光《たいようこう》に当《あ》たるしくみになっている。

08

領土《りょうど》をつぎつぎに広《ひろ》げるローマがカルタゴや古代《こだい》エジプトを支配《しはい》

3000年《ねん》もつづいた古代《こだい》エジプトにも、ついに終《お》わりのときが来《き》ます。紀元前《きげんぜん》6世紀《せいき》に、イタリア半島《はんとう》で生《う》まれたローマ（70ページ）が領土《りょうど》をつぎつぎに広《ひろ》げ、地中海《ちちゅうかい》をこえて、アフリカをターゲットにする大国《たいこく》になっていました。そして紀元前《きげんぜん》30年《ねん》、ローマは古代《こだい》エジプト（プトレマイオス朝《ちょう》）を滅《ほろ》ぼしたのです。

紀元前《きげんぜん》146年《ねん》に、ローマは北《きた》アフリカの都市《とし》カルタゴも滅《ほろ》ぼしていました。ローマはカルタゴの町《まち》を残《のこ》らず壊《こわ》しました。今《いま》みられるのは、ほぼローマ支配時代《しはいじだい》の遺跡《いせき》です。

古代《こだい》エジプトの時代区分《じだいくぶん》

初期王朝時代《しょきおうちょうじだい》（紀元前《きげんぜん》3000年《ねん》ごろ）
古王国時代《こおうこくじだい》（紀元前《きげんぜん》2680年《ねん》ごろ）
第《だい》1中間期《ちゅうかんき》（紀元前《きげんぜん》2145年《ねん》ごろ）
中王国時代《ちゅうおうこくじだい》（紀元前《きげんぜん》2025年《ねん》ごろ）
第《だい》2中間期《ちゅうかんき》（紀元前《きげんぜん》1795年《ねん》ごろ）
新王国時代《しんおうこくじだい》（紀元前《きげんぜん》1550年《ねん》ごろ）
第《だい》3中間期《ちゅうかんき》（紀元前《きげんぜん》1069年《ねん》ごろ）
末期王朝時代《まっきおうちょうじだい》（紀元前3000年ごろ）
マケドニア朝時代《ちょうじだい》（紀元前《きげんぜん》332年《ねん》ごろ）
プトレマイオス朝時代《ちょうじだい》（紀元前《きげんぜん》305年《ねん》ごろ）

ローマの属州《ぞくしゅう》となったカルタゴ

カルタゴの町《まち》に残《のこ》るローマ時代《じだい》の公衆浴《こうしゅうよく》場《じょう》。カルタゴの町《まち》は、ローマとの3度《ど》の戦争《せんそう》「ポエニ戦争《せんそう》」によって破壊《はかい》され、生《い》き残《のこ》った人々《ひとびと》は奴隷《どれい》として売《う》られた。ローマの属州《ぞくしゅう》となった町《まち》には、古代《こだい》ローマ人《じん》が好《この》んだ浴場《よくじょう》などがつくられ、遺跡《いせき》として残《のこ》った。

西地中海《にしちちゅうかい》を支配《しはい》したカルタゴ

フェニキア人《じん》の植民都市《しょくみんとし》だったカルタゴは、海上交易《かいじょうこうえき》で栄《さか》えて、西地中海《にしちちゅうかい》を支配《しはい》した。フェニキア人《じん》は、紀元前《きげんぜん》3000年《ねん》ごろから地中海東岸《ちちゅうかいとうがん》を中心《ちゅうしん》に海上交易《かいじょうこうえき》をおこなっていた民族《みんぞく》。バビロニアやマケドニアに支配《しはい》されたこともあるが、最後《さいご》はローマに吸収《きゅうしゅう》（併合《へいごう》）された。

もっと知《し》りたい

「ポエニ」は、ローマ人《じん》がフェニキアをなまって発音《はつおん》した名前《なまえ》。

いくつものイスラム国家《こっか》が北《きた》アフリカを支配《しはい》した

時代《じだい》がさらに進《すす》むと、イスラム教《きょう》を信仰《しんこう》する国《くに》が力《ちから》をつけて北《きた》アフリカに広《ひろ》がっていきます。

イスラム教《きょう》は、7世紀《せいき》はじめにアラビア半島《はんとう》にあらわれた預言者《よげんしゃ》ムハンマドによって広《ひろ》められました。それからわずか1世紀《せいき》ほどの間《あいだ》に、イスラム教《きょう》で一《ひと》つにまとまったイスラム国家《こっか》が北《きた》アフリカを支配《しはい》したのです。

たとえば、アフリカ西部《せいぶ》の都市《とし》マラケシュは、11世紀《せいき》にアフリカ先住民《せんじゅうみん》のベルベル人《じん》がつくったムラービト朝《ちょう》とよばれるイスラム国家《こっか》が支配《しはい》します。その後《ご》も、いくつかのイスラム王朝《おうちょう》ができて、アフリカ全土《ぜんど》に影響《えいきょう》をあたえました。

メモ

イスラム国家《こっか》は、西《にし》アジアではムハンマドの死後《しご》に「正統《せいとう》カリフ時代《じだい》」ができると、そのあとに「ウマイヤ朝《ちょう》」「アッバース朝《ちょう》」とつづいていく(94ページ)。北《きた》アフリカでは、10世紀以降《せいきいこう》に「ファーティマ朝《ちょう》」や「ムラービト朝《ちょう》」などがこの地《ち》を支配《しはい》した。

マラケシュのモスク

モロッコのマラケシュにある「クトゥビーヤ・モスク」。モスクとは、イスラム教《きょう》でお祈《いの》りをする場所《ばしょ》だ。1160年《ねん》にムラービト朝《ちょう》を倒《たお》したムワッヒド朝《ちょう》によって建《た》てられた。マラケシュは、「南方《なんぽう》の真珠《しんじゅ》」とよばれる美《うつく》しい都《みやこ》。

イスラム国家《こっか》の支配地《しはいち》

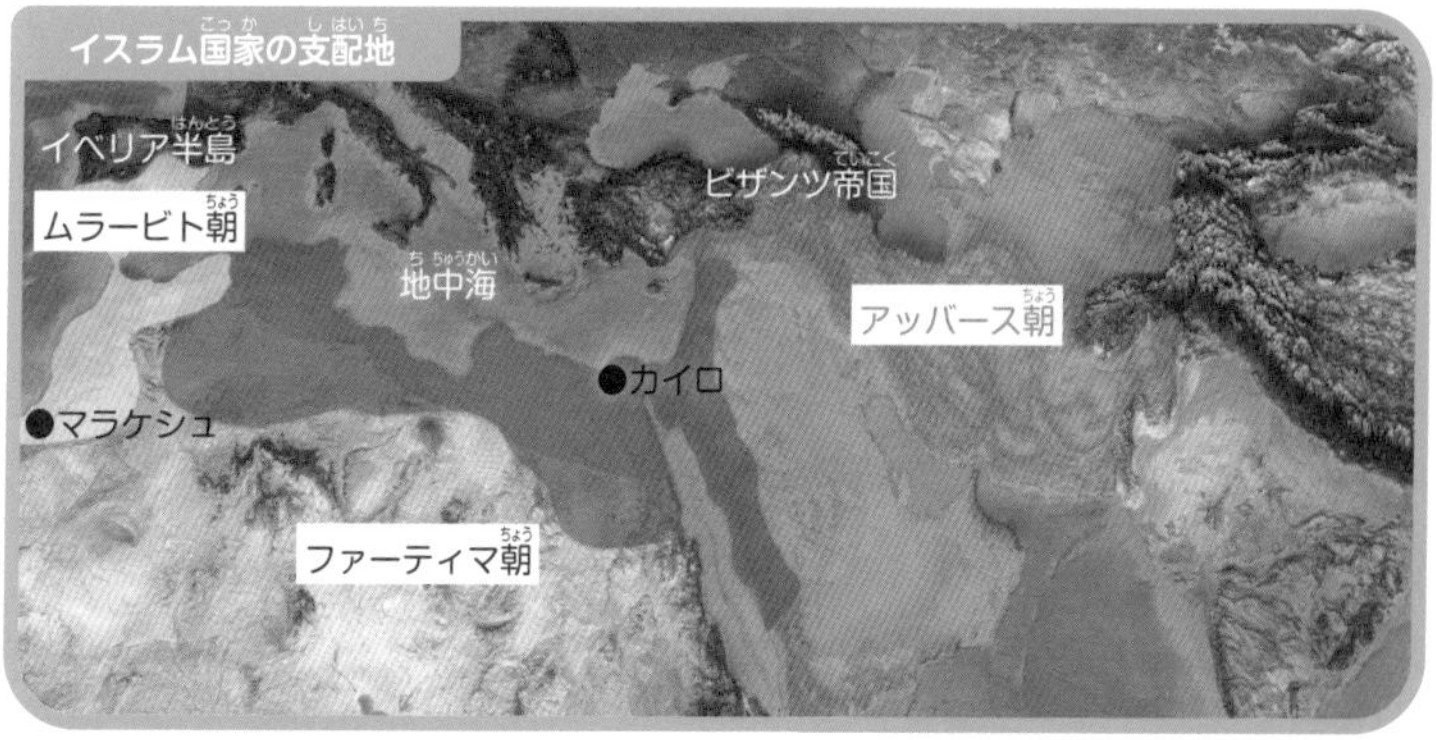

11世紀以降《せいきいこう》に地中海周辺《ちちゅうかいしゅうへん》を支配《しはい》したイスラム国家《こっか》のおよその範囲《はんい》。ムラービト朝《ちょう》は11世紀《せいき》にイベリア半島《はんとう》も支配《しはい》した。これによって、北《きた》アフリカのイスラム文化《ぶんか》がヨーロッパまで伝《つた》わった。

もっと知《し》りたい

6世紀《せいき》ごろのエジプトは、ビザンツ帝国《ていこく》（92ページ）の属州《ぞくしゅう》となっていた。

やすみじかん

古代《こだい》エジプトの文字《もじ》は読《よ》めるの？

古代《こだい》エジプトでは、「ヒエログリフ」とよばれる象形文字《しょうけいもじ》がつかわれていました。象形文《しょうけいも》字《じ》とは、絵《え》でものごとの意味《いみ》をあらわした文《も》字《じ》です。ヒエログリフは、フランスの言語学《げんごがく》者《しゃ》シャンポリオンによって解読《かいどく》されました。下《した》のイラストで、ヒエログリフであらわされた王《おう》の名前《なまえ》をみてみましょう。

左《ひだり》は、ルクソール神殿《しんでん》でみつかったヒエログリフ。丸《まる》く囲《かこ》われたところには、アレクサンドロス大王《だいおう》の名前《なまえ》がある。ヒエログリフの解読《かいどく》は、下《した》のイラストのように、共通《きょうつう》する絵《え》をアルファベットの文字《もじ》に置《お》きかえることなどで成功《せいこう》した（Tには2つの絵《え》が対応《たいおう》する）。

プトレマイオス5世《せい》のヒエログリフ

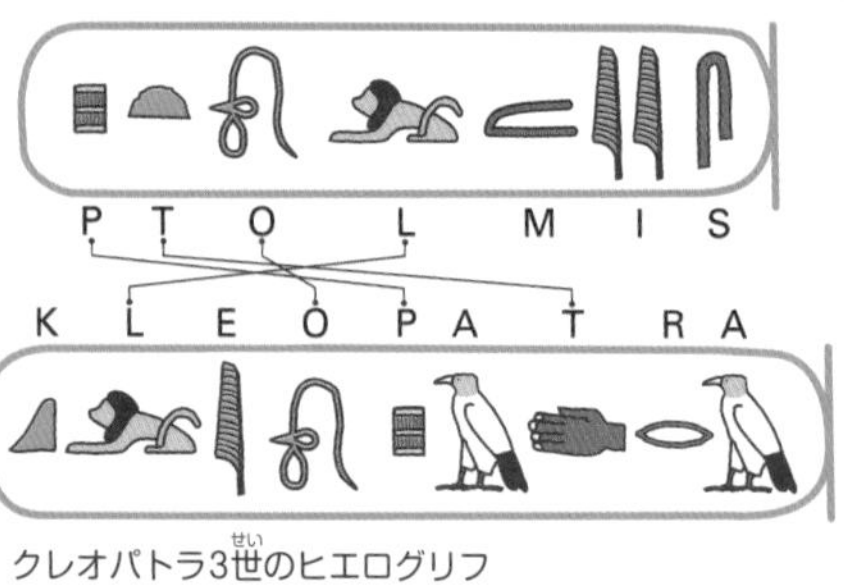

クレオパトラ3世《せい》のヒエログリフ

3 じかんめ

ヨーロッパの古代遺跡《こだいいせき》

地中海《ちちゅうかい》やヨーロッパを旅《たび》すると、あちこちでローマ帝国時代《ていこくじだい》の古代遺跡《こだいいせき》と出会《であ》います。ローマは、地中海《ちちゅうかい》のまわりすべてを支配《しはい》する巨《きょ》大帝国《だいていこく》だったのです。ここでは、ヨーロッパ世界《せかい》に大《おお》きな影響《えいきょう》をあたえた古代《こだい》ギリシャとローマの遺跡《いせき》を中心《ちゅうしん》にみていきましょう。

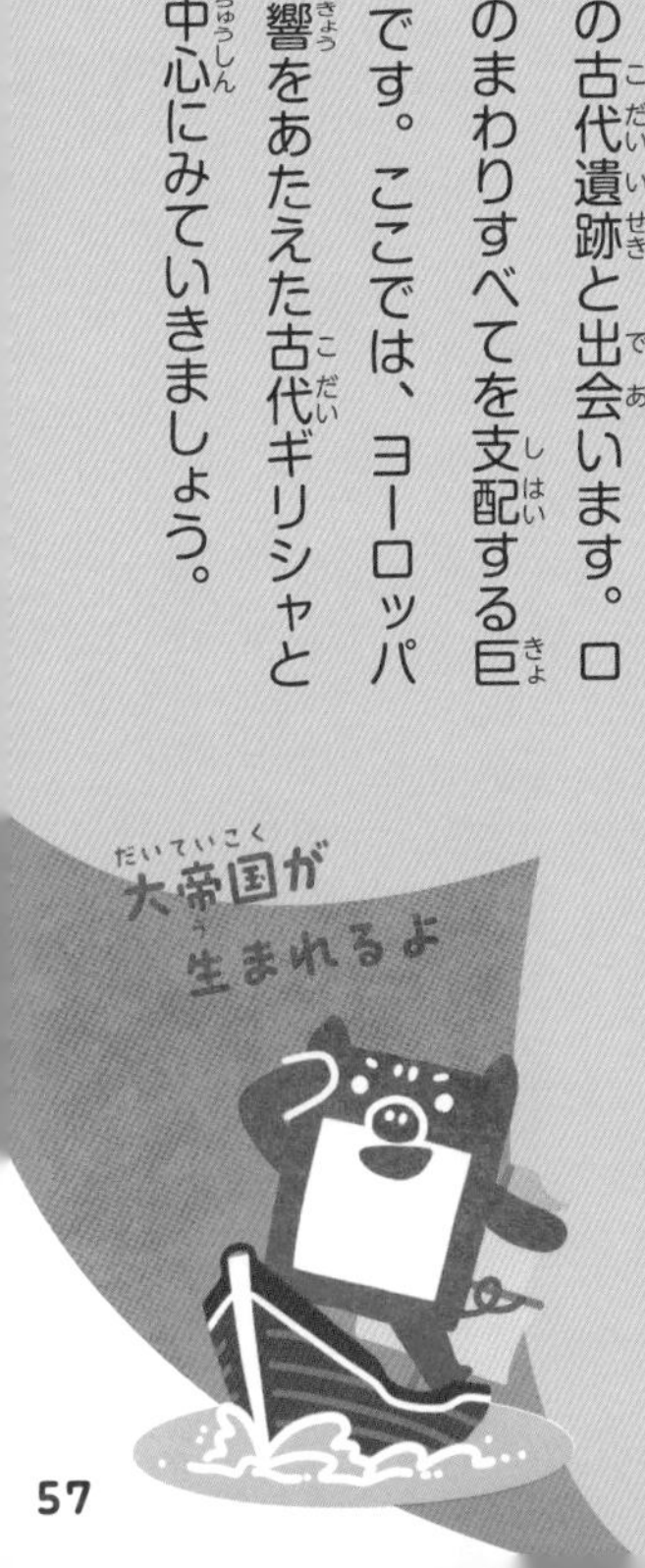

01 ヨーロッパでは地中海《ちちゅうかい》を中心《ちゅうしん》に土地《とち》をうばいあう争《あらそ》いがあった

ヨーロッパ最古《さいこ》の文明《ぶんめい》は、紀元前《きげんぜん》20世紀《せいき》に、今《いま》のギリシャにあるクレタ島《とう》で誕生《たんじょう》した「クレタ文明《ぶんめい》」とされています。その後《ご》、バルカン半島《はんとう》からアカイア人《にん》がギリシャにやってきて、古代《こだい》ギリシャの国《くに》をつくりました。

前《ぜん》8世紀《せいき》になると、ギリシャではポリスとよばれる都市国家《としこっか》が各地《かくち》でつくられます。同《おな》じころ、イタリア半島《はんとう》でも都市国家《としこっか》ローマが生《う》まれました。

前《ぜん》5世紀《せいき》になると、西《にし》アジアやヨーロッパから巨大《きょだい》な国《くに》が攻《せ》めこみます。そんな中《なか》で、みるみる強大《きょうだい》な国《くに》に成長《せいちょう》したローマが、ヨーロッパの内陸《ないりく》から地中海周辺《ちちゅうかいしゅうへん》を支配《しはい》する「ローマ帝国《ていこく》」となったのです。

メモ

古代《こだい》ギリシャは、現代《げんだい》の科学《かがく》につながる哲学《てつがく》や、世界中《せかいじゅう》のスポーツ選手《せんしゅ》が参加《さんか》するオリンピックのもとになる競技会《きょうぎかい》が生《う》まれた場所《ばしょ》だ。

古代《こだい》ギリシャとローマの主《おも》なできごと

	古代ギリシャ	ローマ
紀元前《きげんぜん》1900年《ねん》ごろ	クレタ島《とう》でミノス文明《ぶんめい》が誕生《たんじょう》。	
〜紀元前《きげんぜん》1700年《ねん》ごろ	ギリシャにアカイア人《じん》（最初《さいしょ》のギリシャ人《じん》）がやってくる。	
紀元前《きげんぜん》776年《ねん》	第《だい》1回《かい》オリンピア競技会《きょうぎかい》。	
紀元前《きげんぜん》753年《ねん》		小都市国家《しょうとしこっか》ローマが建国《けんこく》。
紀元前《きげんぜん》750年《ねん》ごろ	ギリシャ各地《かくち》でポリス（都市国家《としこっか》）ができる。	
紀元前《きげんぜん》509年《ねん》		ローマが共和政《きょうわせい》になる。
紀元前《きげんぜん》490年《ねん》	ペルシアとギリシャ間《かん》でペルシア戦争開始《せんそうかいし》。前《ぜん》477年《ねん》にアテネ中心《ちゅうしん》のデロス同盟《どうめい》ができ、前《ぜん》431年《ねん》にスパルタ中心《ちゅうしん》のペロポネソス同盟《どうめい》との間《あいだ》でペロポネソス戦争開始《せんそうかいし》。	
紀元前《きげんぜん》338年《ねん》	ギリシャが北方《ほっぽう》のマケドニア王国《おうこく》の支配下《しはいか》におかれる。	
紀元前《きげんぜん》272年《ねん》		イタリア半島《はんとう》を支配《しはい》。
紀元前《きげんぜん》146年《ねん》	ギリシャがローマの支配下《しはいか》におかれる。	ポエニ戦争《せんそう》（53ページ）でカルタゴを滅《ほろ》ぼす。
紀元前《きげんぜん》51年《ねん》		ヨーロッパの内陸《ないりく》を支配《しはい》。
紀元前《きげんぜん》27年《ねん》		帝政《ていせい》ローマとなって、地中海世界《ちちゅうかいせかい》を支配《しはい》。

古代《こだい》の地中海世界《ちちゅうかいせかい》

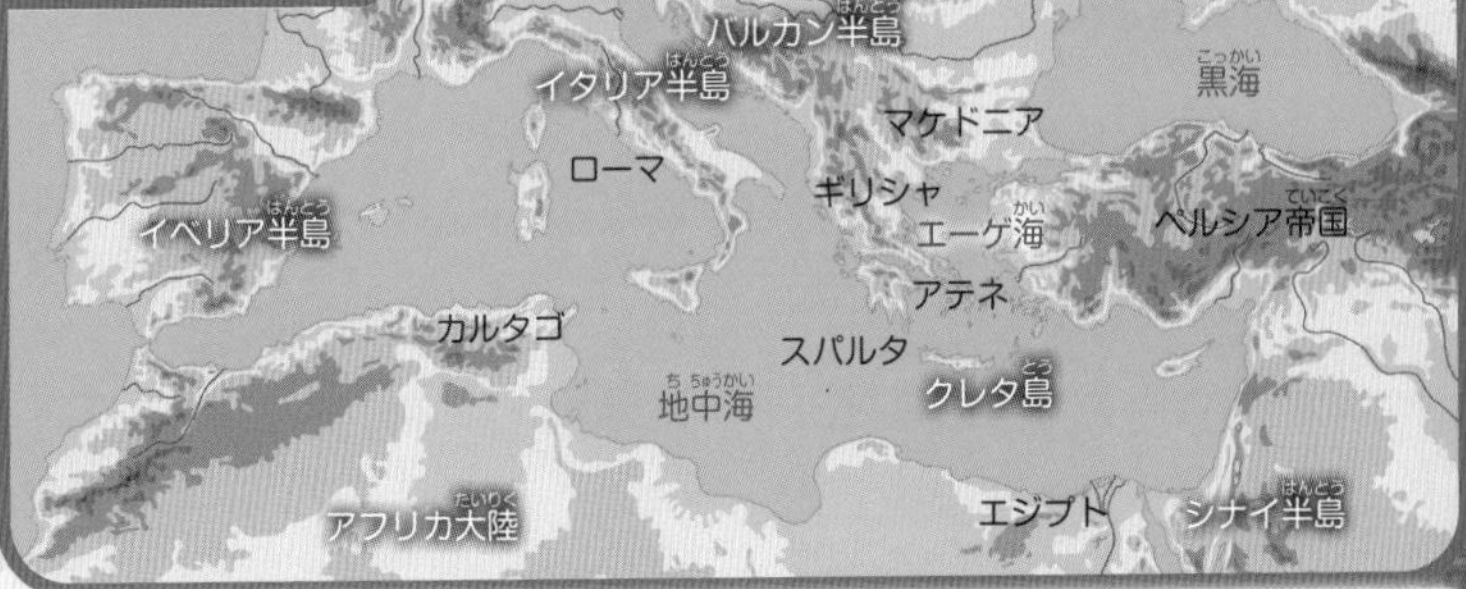

紀元前《きげんぜん》700〜前《ぜん》400年《ねん》ごろまでに地中海周辺《ちちゅうかいしゅうへん》にあった国々《くにぐに》（黒《くろ》い文字《もじ》）。マケドニアやペルシア帝国《ていこく》などの巨大《きょだい》な国《くに》が、ヨーロッパに攻《せ》めこんだ。うしろの写真《しゃしん》は、ギリシャの首都《しゅと》アテネの丘《おか》（アクロポリス）に建《た》つパルテノン神殿《しんでん》。

もっと知《し》りたい

紀元前《きげんぜん》1500年《ねん》ごろ、ギリシャにやってきたドーリア人《じん》も古代《こだい》ギリシャ人《じん》となった。

02 ヨーロッパで最《もっと》も古い「クレタ文明《ぶんめい》」

1900年《ねん》に、エーゲ海南部《かいなんぶ》にうかぶクレタ島《とう》のクノッソスで古代《こだい》の宮殿《きゅうでん》の遺跡《いせき》がみつかりました。

この宮殿《きゅうでん》は、紀元前《きげんぜん》1900年《ねん》ごろに誕生《たんじょう》した、ヨーロッパ最古《さいこ》の古《こ》代文明《だいぶんめい》「クレタ文明《ぶんめい》」のものでした。下《した》のイラストは、宮殿《きゅうでん》を発掘《はっくつ》したイギリスの考古学者《こうこがくしゃ》アーサー・エヴァンズが残《のこ》した資料《しりょう》と遺跡《いせき》をもとにつくったものです。

ギリシャ神話《しんわ》には、クレタ島《とう》をお

この文明《ぶんめい》は
ギリシャ本土《ほんど》の
ミケーネ文明《ぶんめい》に倒《たお》され
たよ

さめたミノス王《おう》の物語《ものがたり》があり、その中《なか》で、牛《うし》の頭《あたま》に人《ひと》の体《からだ》をもつ怪物《かいぶつ》「ミノタウロス」を迷宮《めいきゅう》に閉《と》じこめる話《はなし》がでてきます。

クノッソスでみつかった遺跡《いせき》は、この話《はなし》のもとになった宮殿《きゅうでん》なのかもしれません。

クノッソス宮殿《きゅうでん》のあと

発掘《はっくつ》されたクノッソス宮殿《きゅうでん》の北側《きたがわ》の入《い》り口《ぐち》。壁画《へきが》には牡牛《おうし》がえがかれている。遺跡《いせき》からは、牛《うし》の頭《あたま》をかたどった儀式用《ぎしきよう》とみられる杯《さかずき》もみつかった。

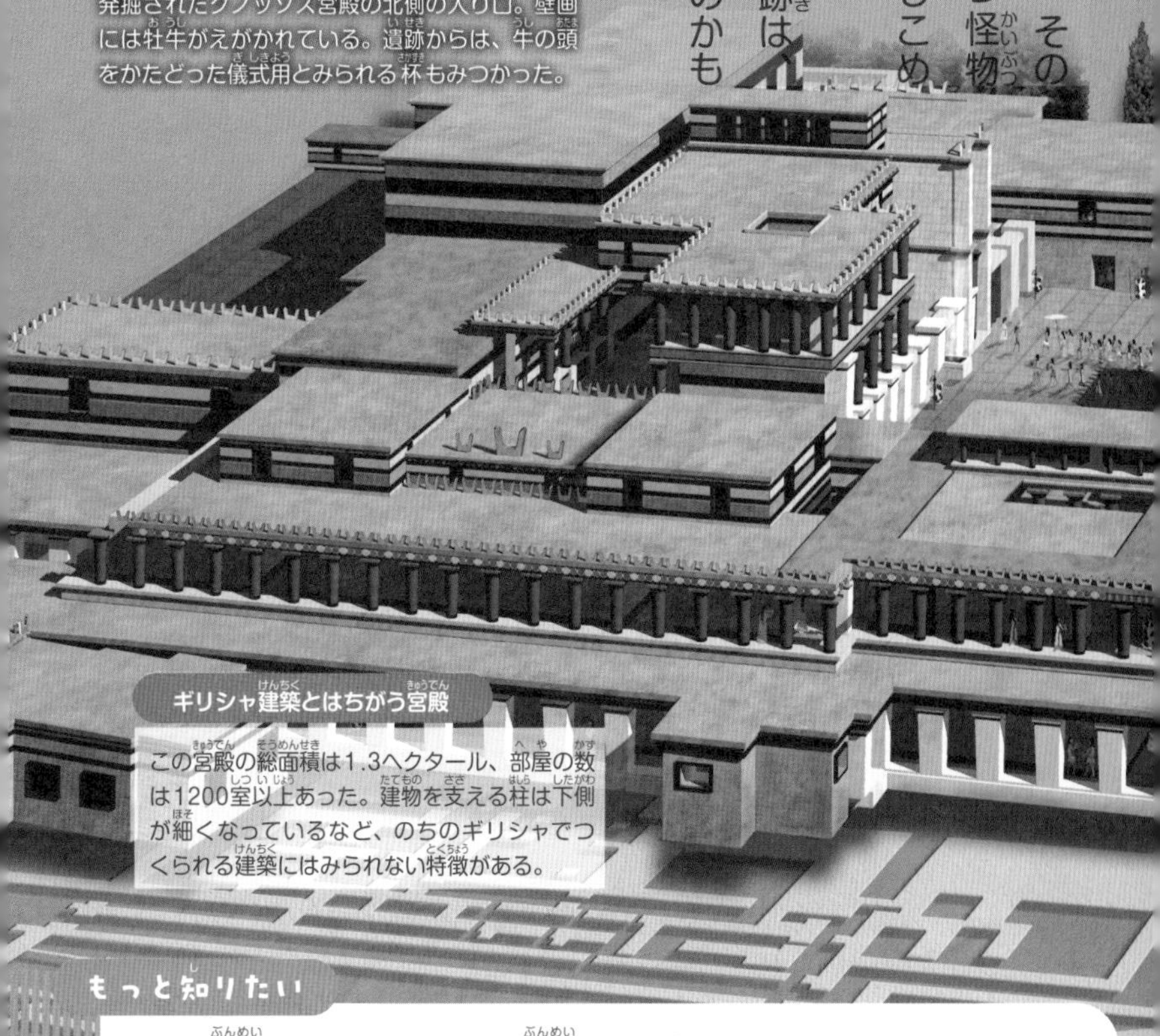

ギリシャ建築《けんちく》とはちがう宮殿《きゅうでん》

この宮殿《きゅうでん》の総面積《そうめんせき》は1.3ヘクタール、部屋《へや》の数《かず》は1200室《しつ》以上《いじょう》あった。建物《たてもの》を支《ささ》える柱《はしら》は下側《したがわ》が細《ほそ》くなっているなど、のちのギリシャでつくられる建築《けんちく》にはみられない特徴《とくちょう》がある。

もっと知《し》りたい

クレタ文明《ぶんめい》は、ミノス（ミノア）文明《ぶんめい》ともよばれる。

03

都市国家《としこっか》アテネの中心《ちゅうしん》にあった パルテノン神殿《しんでん》

クレタ文明《ぶんめい》を倒《たお》したミケーネ文明《ぶんめい》は、青銅器《せいどうき》をつくるなど進《すす》んだ技術《ぎじゅつ》をもっていました。この文明《ぶんめい》は紀元前《きげんぜん》1200年《ねん》ごろに、なぜか消《き》えてしまいます。混乱《こんらん》するギリシャでは、人々《ひとびと》がギリシャ本土《ほんど》のさまざまな土地《とち》やエーゲ海《かい》の島々《しまじま》などに移動《いどう》していきました。

各地《かくち》に広《ひろ》がったギリシャ人《じん》は、紀元《きげん》前《ぜん》8世紀《せいき》ごろ、いたるところに小《ちい》さな都市国家《としこっか》「ポリス」をつくりはじめました。その中《なか》でもとくに力《ちから》をもったポリスが、アテネとスパルタです。

アテネでは、すべての市民《しみん》が政治《せいじ》に参加《さんか》する「民主政治《みんしゅせいじ》」がおこなわれました。そのシンボルとなっていた建物《たてもの》が「パルテノン神殿《しんでん》」です。

メモ

ギリシャは、山《やま》の多《おお》い本土《ほんど》（ペロポネソス半島《はんとう》）とエーゲ海《かい》の小《ちい》さな島々《しまじま》からなるので、広《ひろ》い土地《とち》がない。そのため、各地《かくち》に1000をこえる都《と》市国家《しこっか》ができていた。現在《げんざい》のトルコにあたる土地《とち》（小《しょう》アジア）にもギリシャ人《じん》がすんでいた。

市民《しみん》が集《あつ》まった丘《おか》

都市国家《としこっか》アテネにあるアクロポリスの丘《おか》に建《た》つパルテノン神殿《しんでん》。そのふもとには、市民《しみん》が集会《しゅうかい》や市場《いちば》を開《ひら》く「アゴラ」という広場《ひろば》があった。

木馬《もくば》に乗《の》ってみたい
オレはごめんだぜ

トロイの木馬《もくば》

古代《こだい》の詩人《しじん》ホメロスが伝《つた》えた詩《し》『イリアス』の中《なか》に、ギリシャ軍《ぐん》が小《しょう》アジアの国《くに》トロイア（今《いま》のトロイ）を、木馬《もくば》をつかって一夜《いちや》で攻《せ》め落《お》とす話《はなし》がある。トロイアは伝説《でんせつ》の国《くに》とされてきたが、1873年《ねん》にドイツの考古学者《こうこがくしゃ》シュリーマンが遺跡《いせき》を発掘《はっくつ》した。写真《しゃしん》は詩《し》をもとにつくった木馬《もくば》。

もっと知《し》りたい

ギリシャ人《じん》が土地《とち》を求《もと》めて移動《いどう》する間《あいだ》に鉄器《てっき》が広《ひろ》まり、農業《のうぎょう》の生産力《せいさんりょく》が上《あ》がった。

強大《きょうだい》なペルシア帝国《ていこく》に対《たい》して ポリスは同盟《どうめい》を組《く》んで戦《たたか》った

同盟《どうめい》の本部《ほんぶ》「デロス島《とう》」

デロス島《とう》は、太陽神《たいようしん》アポロンが生《う》まれた地《ち》とされている。アポロンを信仰《しんこう》するポリスにとって、この島《しま》は聖地《せいち》だったため、同盟《どうめい》の地《ち》に選《えら》ばれた。写真《しゃしん》は、紀元前《きげんぜん》7世紀《せいき》ごろにつくられたライオン像《ぞう》（レプリカ）。島《しま》には、こうした遺跡《いせき》がたくさんある。

それぞれのポリスは争《あらそ》うこともしばしばありましたが、手《て》をむすぶこともありました。

紀元前《きげんぜん》４９０年《ねん》、東方《とうほう》の大国《たいこく》ペルシアがギリシャに攻《せ》めこんだとき、アテネやスパルタが団《だん》結《けつ》して、これを追《お》い払《はら》ったのです。ペルシアの再来《さいらい》に備《そな》え、アテネを中心《ちゅうしん》にポリスの同盟《どうめい》ができました。これを「デロス同盟《どうめい》」といいます。

同盟《どうめい》で割《わ》れたギリシャ

アテネを中心《ちゅうしん》とするデロス同盟《どうめい》は、エーゲ海《かい》の島々《しまじま》にあるポリスが参加《さんか》して紀元前《きげんぜん》477年《ねん》にむすばれた。その数《かず》は最大《さいだい》で200ほどだったという。それに対抗《たいこう》する、スパルタを中心《ちゅうしん》としたペロポネソス同盟《どうめい》と、テーベという都市国家《としこっか》の3つがギリシャの支配《しはい》をかけて争《あらそ》った。

一方《いっぽう》、スパルタを中心《ちゅうしん》にした「ペロポネソス同盟《どうめい》」もできます。この2つの同盟《どうめい》はやがて対《たい》立《りつ》をはじめ、「ペロポネソス戦《せん》争《そう》」へと発展《はってん》します。このポリスどうしの戦《たたか》いが、ギリシャの力《ちから》を弱《よわ》めていきました。

メモ

ギリシャとペルシア帝国《ていこく》（アケメネス朝《ちょう》ペルシア）との戦《たたか》いは「ペルシア戦争《せんそう》」とよばれる。ペルシア国内《こくない》のギリシャ人《じん》がおこした反乱《はんらん》をアテネが助《たす》けたことで戦《たたか》いがはじまった。ポリスで軍隊《ぐんたい》を構成《こうせい》するのは、一般市民《いっぱんしみん》だった。

もっと知《し》りたい

教育方法《きょういくほうほう》が厳《きび》しいスパルタにちなんで、厳《きび》しい教育《きょういく》を「スパルタ式《しき》」などとよぶ。

05 ポリスの社会《しゃかい》をつなげていたオリンピア競技会《きょうぎかい》

ポリスどうしは4年《ねん》に一度《いちど》、戦争《せんそう》を中止《ちゅうし》してでも、あるイベントをおこないました。現在《げんざい》のオリンピックのもとになったオリンピア競技会《きょうぎかい》です。各《かく》ポリスを代表《だいひょう》する選手《せんしゅ》が聖地《せいち》オリンピアに集《あつ》まり、優勝《ゆうしょう》をかけたさまざまな競《きょう》技《ぎ》がおこなわれました。ポリス社会《しゃかい》だったギリシャをつなげていたものの一《ひと》つが、このイベントだったのです。

競技会《きょうぎかい》は、全知全能《ぜんちぜんのう》の神《かみ》ゼウスにささげるためのものでした。オリンピアのゼウス神殿《しんでん》には、世界《せかい》の七不思議《ななふしぎ》（36ページ）にもあげられるゼウス像《ぞう》がまつられていたといいます。

オリンピアのゼウス像《ぞう》

ゼウス神殿《しんでん》の中《なか》には、台座《たいざ》をふくめて高《たか》さ12メートルのゼウス像《ぞう》がまつられていたといわれている。古代《こだい》の地理学者《ちりがくしゃ》が残《のこ》した文書《ぶんしょ》によると、ゼウス像《ぞう》は木《き》でつくられ、頭《あたま》にはオリーブの冠《かんむり》、右手《みぎて》には勝利《しょうり》の女神《めがみ》ニケの像《ぞう》、左手《ひだりて》には先《さき》にワシがとまった杖《つえ》があったという。

オリンピア競技会《きょうぎかい》はゼウスにささげるものだったので、競技場《きょうぎじょう》の横《よこ》にゼウス神殿《しんでん》などがつくられていた。

もっと知《し》りたい

多神教《たしんきょう》のギリシャでは各《かく》ポリスに守護神《しゅごしん》がいて、アテネではアテナ女神《めがみ》をまつった。

06

広大《こうだい》な領土《りょうど》を一代《いちだい》で支配《しはい》したアレクサンドロス大王《だいおう》の遺産《いさん》

ポリスどうしの戦争《せんそう》は、ギリシャの国力《こくりょく》を弱《よわ》めていきました。そんな中《なか》、北方《ほっぽう》のマケドニア王国《おうこく》がギリシャに攻《せ》めこみます。そして紀元前《きげんぜん》338年《ねん》に、スパルタをのぞくギリシャ全土《ぜんど》がマケドニアに支配《しはい》されました。

マケドニア王《おう》フィリッポス2世《せい》の息子《むすこ》アレクサンドロス3世《せい》は、今度《こんど》は東方《とうほう》の広大《こうだい》な領土《りょうど》を支配《しはい》していたペルシア帝国《ていこく》の打倒《だとう》に乗《の》り出《だ》します。

ペルシアの王《おう》ダレイオス3世《せい》との2度《ど》にわたる戦《たたか》いによって、古代《こだい》エジプトから東方《とうほう》のインドにいたる広大《こうだい》な領《りょう》土《ど》がアレクサンドロス3世《せい》の手《て》に落《お》ちました。一代《いちだい》で大帝国《だいていこく》を築《きず》いた王《おう》は「大王《だいおう》」とたたえられたのです。

メモ

フィリッポス2世《せい》はギリシャを支配《しはい》すると、各《かく》ポリスに対《たい》してペルシア帝国《ていこく》（アケメネス朝《ちょう》ペルシア）を一緒《いっしょ》に倒《たお》そうと提案《ていあん》した。ところが、家《け》来《らい》に暗殺《あんさつ》されたため、息子《むすこ》のアレクサンドロス3世《せい》が父《ちち》のあとをひきついだ。

大王《だいおう》がもたらした遺産《いさん》

アレクサンドロス大王《だいおう》の後継者《こうけいしゃ》たちの国《くに》の一《ひと》つ、ペルガモン王国《おうこく》の首都《しゅと》ペルガモンの遺跡《いせき》。現在《げんざい》のトルコ西部《せいぶ》にある。ギリシャとアジアの文化《ぶんか》がまじりあって生《う》まれた「ヘレニズム文化《ぶんか》」の影響《えいきょう》がみられる。大帝国《だいていこく》ができたことで生《う》まれた文化遺産《ぶんかいさん》だ。

大王《だいおう》が支配《しはい》した領土《りょうど》

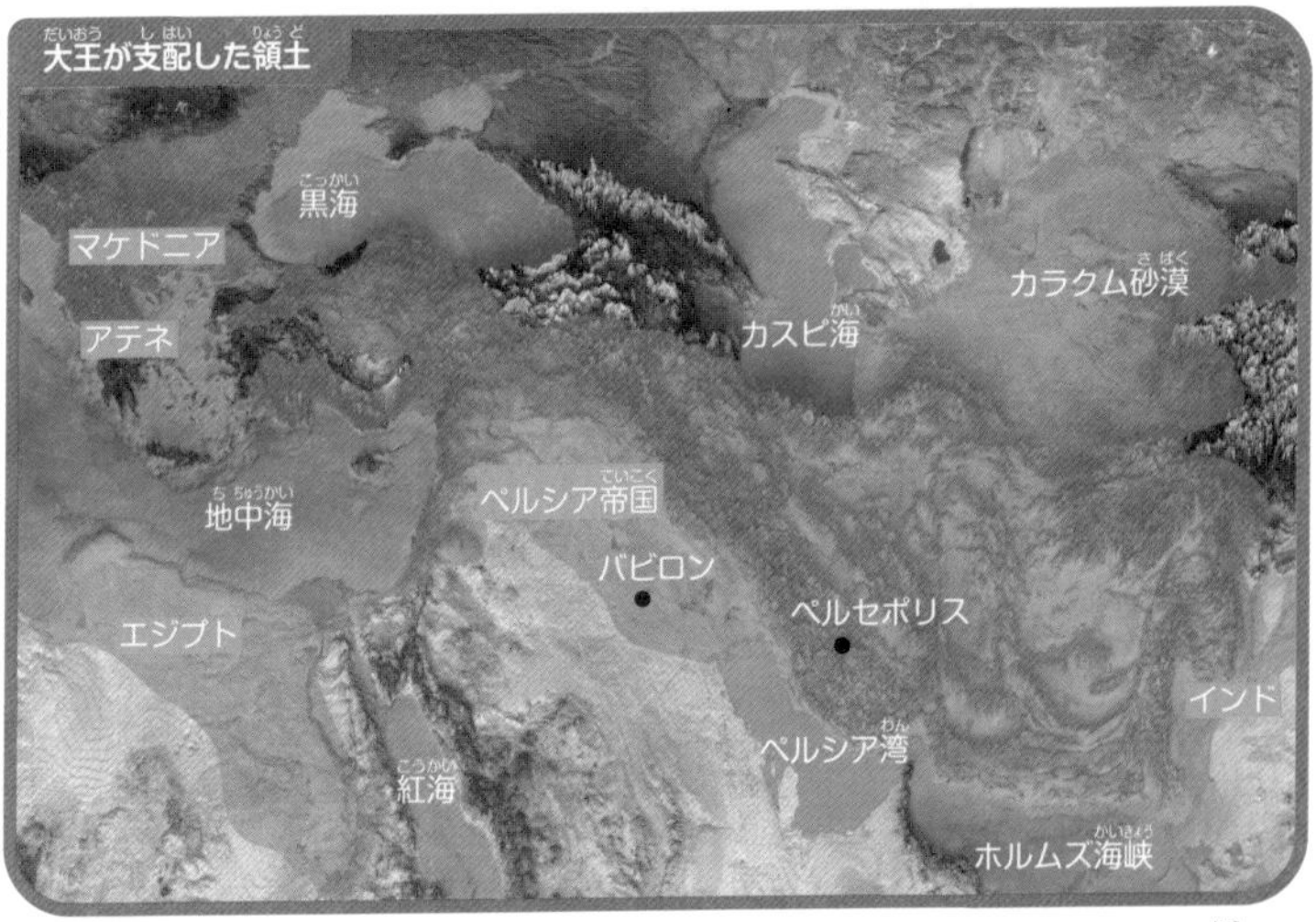

紫 色《むらさきいろ》で示《しめ》した地域《ちいき》が、アレクサンドロス大王《だいおう》が支配《しはい》した範囲《はんい》。ペルセポリスはアケメネス朝《ちょう》ペルシアの首都《しゅと》（86ページ）。大王《だいおう》は、13年間《ねんかん》で領土《りょうど》をインドまで広《ひろ》げた。

もっと知《し》りたい

アレクサンドロス大王《だいおう》は、紀元前《きげんぜん》323年《ねん》にバビロンで急死《きゅうし》した。

07

7つの丘周辺《おかしゅうへん》で誕生《たんじょう》したローマは町《まち》そのものが一《ひと》つの遺跡《いせき》

古代《こだい》ギリシャでポリスができはじめたころ、その西《にし》のイタリア半《はん》島《とう》で1つの国《くに》が生《う》まれていました。やがて大帝国《だいていこく》へと成長《せいちょう》するローマです。ヨーロッパや地《ち》中海《ちゅうかい》周《しゅう》辺《へん》では、ローマ時代《じだい》の遺跡《いせき》が数《かぞ》えきれないほどみつかっています。

7つの丘周辺《おかしゅうへん》からはじまったローマは、またたく間《ま》にイタリア半《はん》島《とう》を支配《しはい》しました。その領土《りょうど》は、地《ち》中海《ちゅうかい》をはさんで、アフリカ北部《ほくぶ》

円形闘技場《えんけいとうぎじょう》も
みえるね

最《もっと》も栄《さか》えたころのローマ帝国《ていこく》の領土《りょうど》

からヨーロッパ内陸部《ないりくぶ》まで広《ひろ》がります。

共和政《きょうわせい》から帝政《ていせい》にかわるころには、ローマはコンクリートと大理《だいり》石《せき》がつかわれた美《うつく》しい都市《とし》へと発展《はってん》しました。

共和政《きょうわせい》のころのローマの想像図《そうぞうず》

紀元前《きげんぜん》753年《ねん》にローマが建国《けんこく》されたころは湿地帯《しっちたい》が多《おお》く、人《ひと》がすめるのは7つの丘《おか》の上《うえ》だけだった。共和政《きょうわせい》がはじまるころになると地面《じめん》が整《ととの》えられて、上《うえ》のイラストのように「フォロ・ロマーノ」などの公共《こうきょう》の広場《ひろば》ができていた。

帝政《ていせい》のころのローマの想像図《そうぞうず》

ローマは紀元前《きげんぜん》272年《ねん》にイタリア半島《はんとう》を支配《しはい》し、前《ぜん》51年《ねん》にヨーロッパ内陸部《ないりくぶ》を支配《しはい》した。前《ぜん》27年《ねん》に帝政《ていせい》になると、皇帝《こうてい》はローマ市民《しみん》の支持《しじ》を得《え》るために浴場《よくじょう》や劇場《げきじょう》などをつくっていく。イラストは、大理石《だいりせき》などで美《うつく》しくかわった2〜3世《せい》紀《き》のローマの都《みやこ》だ。

もっと知《し》りたい

共和政《きょうわせい》は、王《おう》や皇帝《こうてい》ではなく元老院《げんろういん》という議会《ぎかい》を中心《ちゅうしん》におこなう政治体制《せいじたいせい》。

08 しゃしんギャラリー コロッセウム

皇帝《こうてい》がおさめるローマは平和《へいわ》な時代《じだい》でした。商業《しょうぎょう》が活発《かっぱつ》になり、娯楽《ごらく》や芸術《げいじゅつ》もさかんになっていきます。そんな中《なか》でつくられたのが円形闘技場《えんけいとうぎじょう》「コロッセウム」でした。ローマ市民《しみん》は、闘技場《とうぎじょう》でおこなわれる見世物《みせもの》に熱中《ねっちゅう》したのです。

見世物《みせもの》がおこなわれたコロッセウム

コロッセウムは、高《たか》さ約《やく》30メートルのだ円形《えんけい》をした建物《たてもの》だ。長《なが》いほうの半径《はんけい》（長《ちょう》径《けい》）は約《やく》190メートル、短《みじか》いほうの半径《はんけい》（短径《たんけい》）は約《やく》155メートル。外側《そとがわ》からは4階建《かいだ》てにみえる。闘技場《とうぎじょう》では、猛獣《もうじゅう》や剣《けん》闘士《とうし》による見世物《みせもの》がおこなわれていた。

もっと知《し》りたい

コロッセウムには、5万人《まんにん》の観客《かんきゃく》が入《はい》れた。

09

ローマ帝国《ていこく》を陰《かげ》で支《ささ》えた道路《どうろ》と水道《すいどう》

ローマから各地《かくち》にのびる主《おも》な街道《かいどう》。最初《さいしょ》につくられたのは「アッピア街道《かいどう》」で、道幅《みちはば》は歩道《ほどう》を入《い》れて約《やく》6メートル。はじめはじゃり道《みち》だったが、のちに石畳《いしだたみ》になっていった。帝国内《ていこくない》の道《みち》の長《なが》さは、ぜんぶで8万《まん》5000キロメートルにもなった。

ローマは、広《ひろ》がっていく領土《りょうど》をきちんとおさめるために道路《どうろ》を整備《せいび》します。道路《どうろ》があれば、軍隊《ぐんたい》を素早《すばや》く戦地《せんち》に向《む》かわせることができるからです。やがて、「すべての道《みち》はローマに通《つう》ず」といわれるほど、ローマには道路《どうろ》があみの目《め》のようにつくられていきます。

市民《しみん》のために、町《まち》にきれいな水《みず》を引《ひ》くこともローマの大事《だいじ》な

クラウディア水道橋《すいどうきょう》

写真《しゃしん》は、ローマにつくられたクラウディア水道橋《すいどうきょう》。その途中《とちゅう》には、不純物《ふじゅんぶつ》をとりのぞくための場所《ばしょ》もある。水道橋《すいどうきょう》は、ギリシャから学《まな》んだ土木《どぼく》・建築《けんちく》の技術《ぎじゅつ》をつかってつくられていった。

仕事《しごと》でした。町《まち》はずれの山《やま》からくみあげた水《みず》は、水道橋《すいどうきょう》をつかって町《まち》まで運《はこ》びました。こうした、社会《しゃかい》の土台《どだい》となるものをきちんとつくったことが、ローマ帝国《ていこく》の発展《はってん》につながったのです。

メモ

浴場《よくじょう》をつかう風習《ふうしゅう》のあったローマ社会《しゃかい》では、水《みず》がたくさんつかわれた。ポエニ戦争《せんそう》でやぶったカルタゴにも浴場《よくじょう》の遺《い》跡《せき》がある（53ページ）。ローマが支配《しはい》した属州《ぞくしゅう》の町《まち》では、水道橋《すいどうきょう》の遺跡《いせき》もたくさんみつかっている。

もっと知《し》りたい

水《みず》を汚《よご》れや妨害《ぼうがい》から守《まも》るため、ローマの町中《まちなか》では鉛《なまり》の水道管《すいどうかん》がつかわれた。

10 ローマ帝国《ていこく》時代《じだい》に広《ひろ》まったキリスト教《きょう》の遺跡《いせき》

ローマ帝国《ていこく》の力《ちから》は、3世紀《せいき》ごろから弱《よわ》まっていきます。広大《こうだい》な領土《りょうど》を守《まも》るためにお金《かね》がかかりすぎて、国《くに》をおさめるのがむずかしくなっていったのです。また、異民族《いみんぞく》が北方《ほっぽう》から大量《たいりょう》に入《はい》ってきたため、人々《ひとびと》は混乱《こんらん》しはじめていました。

こうしたこともあり、ローマは395年《ねん》に東《ひがし》と西《にし》にわかれます。

このころ、後世《こうせい》まで影響《えいきょう》する大《おお》きな出来事《できごと》がおきます。ローマの宗教《しゅうきょう》が多《た》神教《しんきょう》から一神教《いっしんきょう》のキリスト教《きょう》にかわったのです。ふえつづけるキリスト教徒《きょうと》をおさえる力《ちから》は、ローマにはもう残《のこ》っていませんでした。キリスト教《きょう》は一気《いっき》に広《ひろ》まり、教会《きょうかい》の数《かず》をふやしました。

メモ

多神教《たしんきょう》だったローマに入《はい》ってきたキリスト教《きょう》は、最初《さいしょ》は反発《はんぱつ》を受《う》けていた。しかし、キリスト教徒《きょうと》の数《かず》がふえていたので、ローマはキリスト教《きょう》を認《みと》めて、国《くに》をまとめようとした。その後《ご》、キリスト教《きょう》はローマの国教《こっきょう》となった。

トリーア大聖堂《だいせいどう》

ローマ帝国《ていこく》の植民市《しょくみんし》だったドイツ西部《せいぶ》の都市《とし》トリーアにある大聖堂《だいせいどう》。大帝国《だいていこく》といわれたローマが終《お》わりをむかえる4世紀《せいき》に建《た》てられた。大聖堂《だいせいどう》は、その後《ご》の時代《じだい》に何度《なんど》か修復《しゅうふく》されているので、中世《ちゅうせい》のロマネスク様式《ようしき》やゴシック様式《ようしき》などがまじっている。

東《ひがし》と西《にし》にわかれたローマ帝国《ていこく》

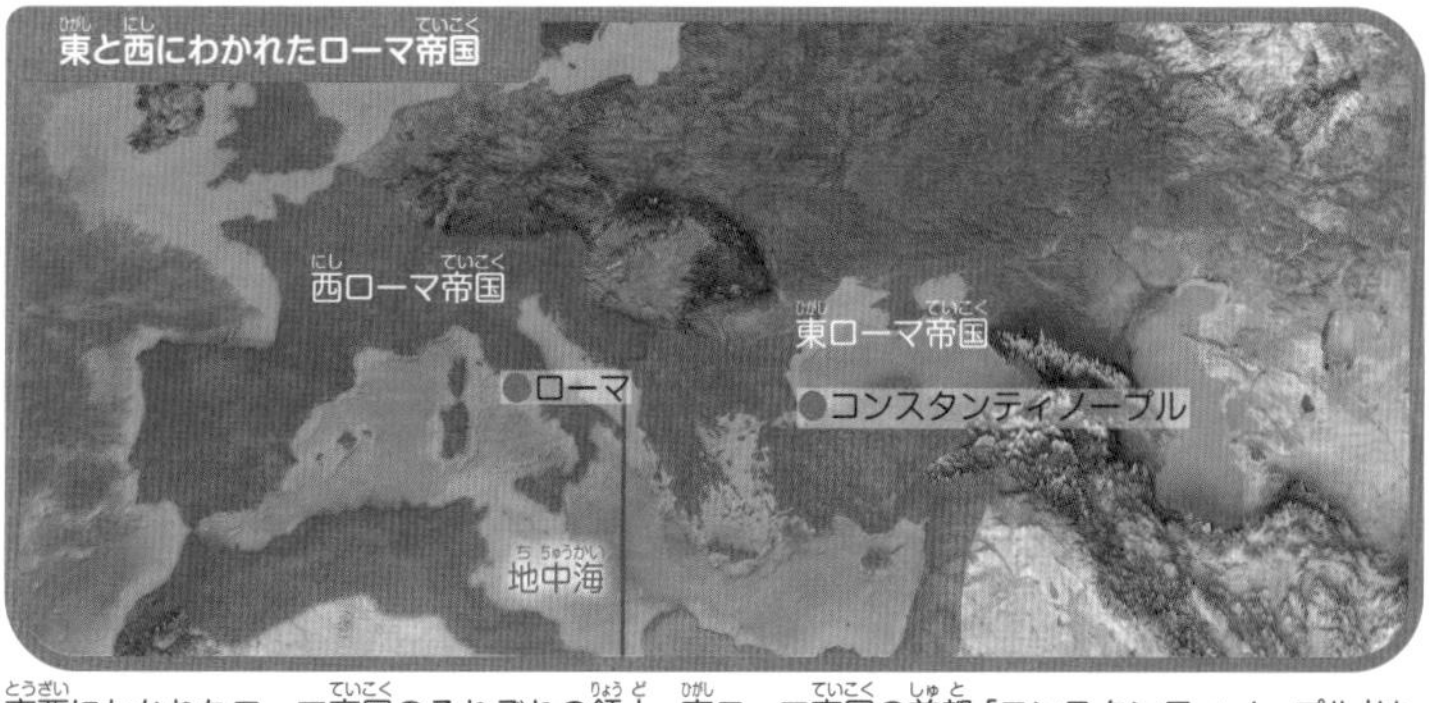

東西《とうざい》にわかれたローマ帝国《ていこく》のそれぞれの領土《りょうど》。東《ひがし》ローマ帝国《ていこく》の首都《しゅと》「コンスタンティノープル」は、ローマ帝国《ていこく》の最後《さいご》のころに首都《しゅと》となっていた。この都《みやこ》はもともと「ビザンティウム」とよばれていたので、東《ひがし》ローマ帝国《ていこく》は「ビザンツ帝国《ていこく》」(92ページ)ともよばれる。

もっと知《し》りたい

キリスト教《きょう》にはカトリック、プロテスタント、ギリシャ正教会《せいきょうかい》といった宗派《しゅうは》がある。

やすみじかん

5000年前《ねんまえ》の巨石建造物《きょせきけんぞうぶつ》がある？

エジプトのピラミッドより早《はや》い5000年前《ねんまえ》につくられた巨石建造物《きょせきけんぞうぶつ》がみつかっています。イギリス南部《なんぶ》のウィルトシャーにある古代遺《こだいい》跡《せき》「ストーンヘンジ」です。石《いし》の重《おも》さは最大《さいだい》50トンあり、どうやってつみあげたのか、なんのためのものなのかなど、なぞがつきません。みなさんは、なんだと思《おも》いますか？

ストーンヘンジは、中心部《ちゅうしんぶ》の巨石建造物《きょせきけんぞうぶつ》（直径《ちょっけい》30メートル）と周囲《しゅうい》の土手《どて》（直《ちょっ》径《けい》100メートル）などからなる。墓《はか》や豊作《ほうさく》の儀式《ぎしき》のための建物《たてもの》という説《せつ》があるが、まだわかっていない。

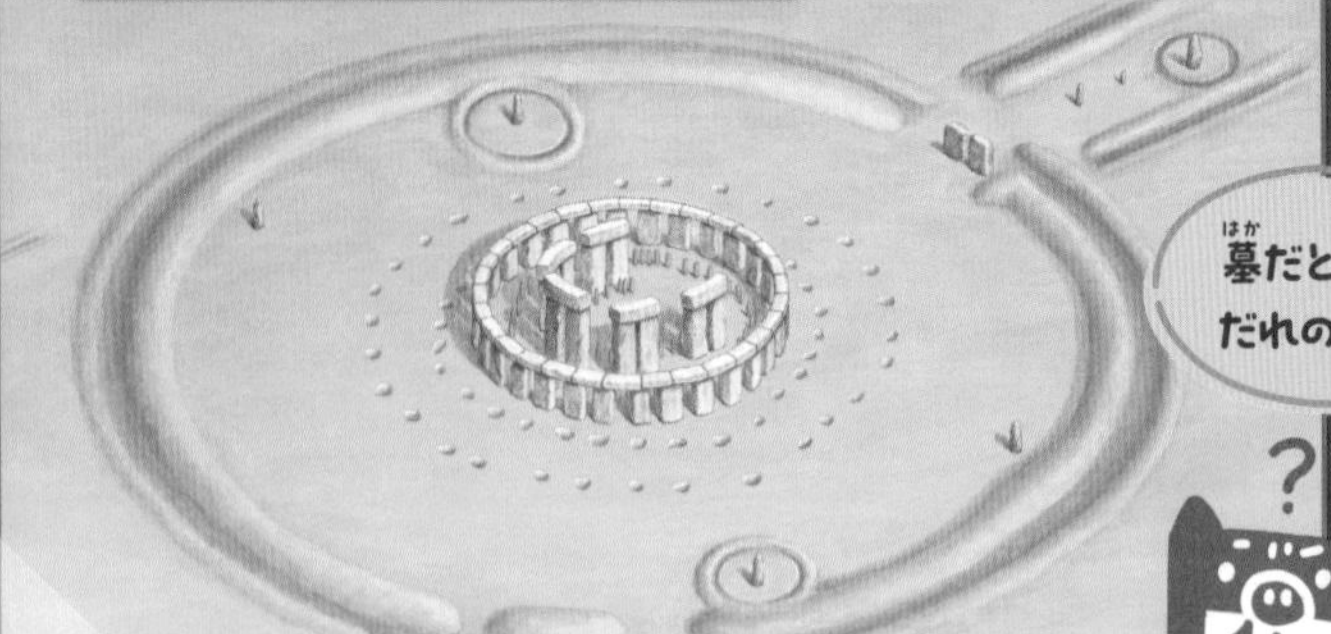

墓《はか》だとしたら
だれのかな？
？

4
じかんめ

西《にし》〜中《ちゅう》央《おう》アジアの古《こ》代《だい》遺《い》跡《せき》

人類最古《じんるいさいこ》の文明《ぶんめい》の一《ひと》つは、2つの大《おお》きな川《かわ》の間《あいだ》で生《う》まれました。このあたりは最初《さいしょ》の文字《もじ》が生《う》まれた場所《ばしょ》でもあります。また、たくさんの国《くに》が生《う》まれては、世界地図《せかいちず》が目《め》まぐるしくぬりかわった場所《ばしょ》でもありました。そのうつりかわりを遺跡《いせき》とともにみていきましょう。

01 最古《さいこ》の「メソポタミア文明《ぶんめい》」は、最初《さいしょ》の文字《もじ》を生《う》み出《だ》した

最古《さいこ》の文明《ぶんめい》の一《ひと》つといわれる「メソポタミア文明《ぶんめい》」は、紀元前《きげんぜん》3500年《ねん》ごろにティグリス川《がわ》とユーフラテス川《がわ》の間《あいだ》で生《う》まれました。この文明《ぶんめい》でつかわれていた「楔形文字《くさびがたもじ》」は、人類《じんるい》で最初《さいしょ》の文字《もじ》とされています。

この古代《こだい》メソポタミアの地《ち》にシュメール人《じん》による国《くに》ができはじめます。その後《ご》、遊牧民《ゆうぼくみん》や移民《いみん》などがあちこちからやってきて、いく

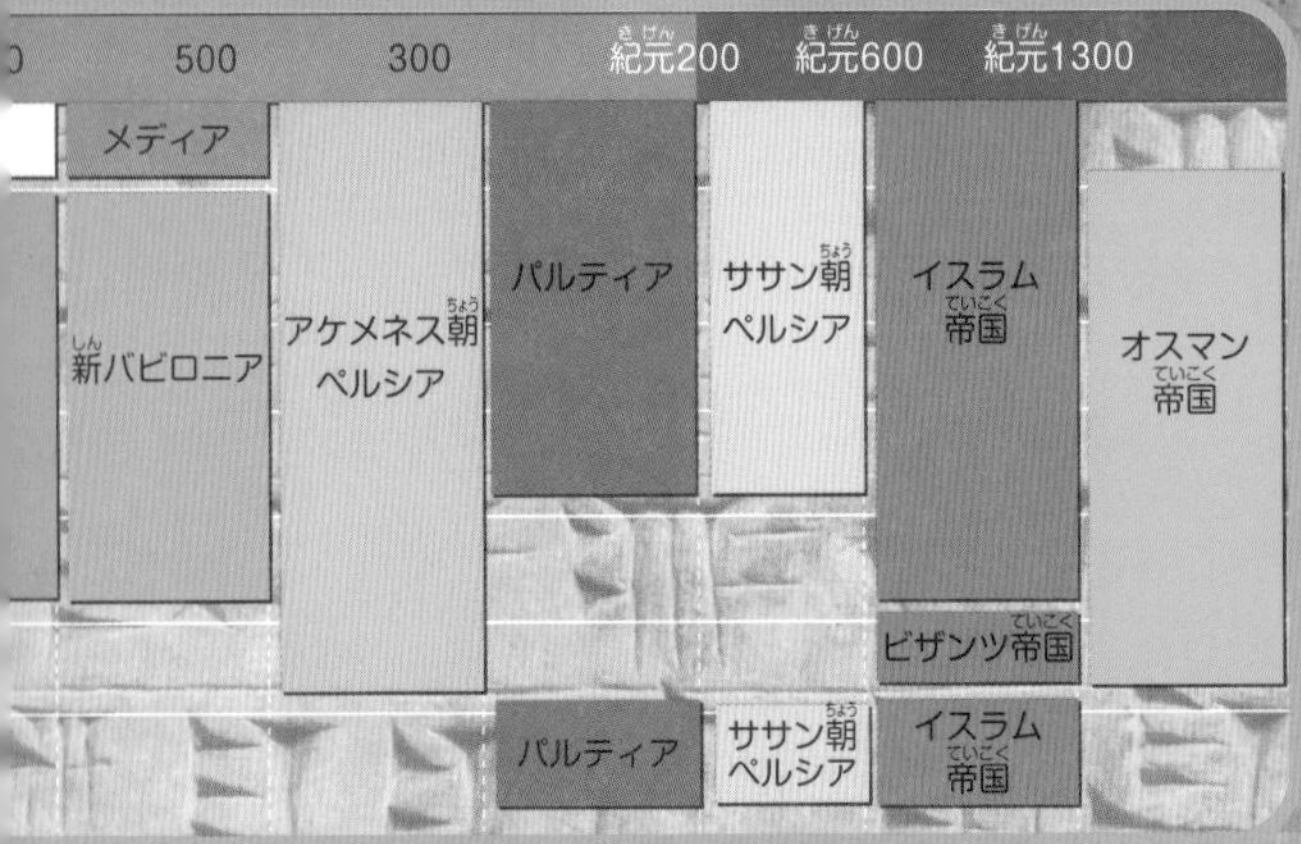

つもの国《くに》ができました。時代《じだい》が進《すす》むと、アケメネス朝《ちょう》ペルシアなどの巨大帝国《きょだいていこく》が、オリエント（28ページ）を支配《しはい》するようになります。

中央《ちゅうおう》アジアと西《にし》アジアの地理《ちり》

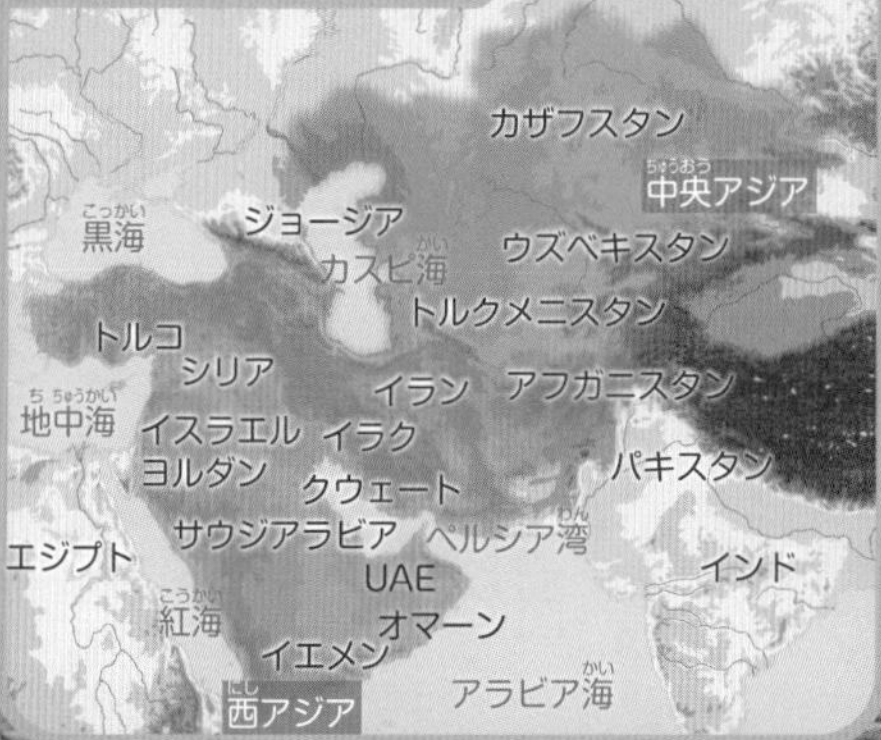

中央《ちゅうおう》アジアと西《にし》アジアの大《おお》まかな範囲《はんい》を、現在《げんざい》の国名《こくめい》とともに示《しめ》したもの。うしろの写真《しゃしん》は、人類最初《じんるいさいしょ》の文字《もじ》である楔形文字《くさびがたもじ》。粘土板《ねんどばん》にあしをきざみつけてできる「V」の形《かたち》を組《く》み合《あ》わせた文字《もじ》だ。

主《おも》な王国《おうこく》・王朝《おうちょう》のうつりかわり

地域《ちいき》＼紀元前《きげんぜん》	2350	2100	2000	1500	1000	800
エラム		エラム				
バビロニア（シュメール）	初期《しょき》王朝時代《おうちょうじだい》	アッカド王朝《おうちょう》	ウル第三王朝《だいさんおうちょう》	古《こ》バビロニア	中《ちゅう》バビロニア	
（アッカド）						
アッシリア				古《こ》アッシリア	中《ちゅう》アッシリア	新《しん》アッシリ
シリア						
アナトリア					ヒッタイト	
パルティア						

もっと知《し》りたい

「メソポタミア」は、2つの川《かわ》の間《あいだ》という意味《いみ》。

02

世界《せかい》の七不思議《ななふしぎ》でも知《し》られる バビロンの空中庭園《くうちゅうていえん》

メソポタミア南部《なんぶ》のバビロニアは、紀元前《きげんぜん》18世紀《せいき》ごろに「目《め》には目《め》を」で知《し》られる「ハンムラビ法典《ほうてん》」がつくられた地《ち》として知《し》られています。

バビロニアでは、その後《ご》、いくつもの国《くに》が生《う》まれました。そのうちの一《ひと》つ、新《しん》バビロニア王国《おうこく》には、空中庭園《くうちゅうていえん》とよばれる巨大建造物《きょだいけんぞうぶつ》があったとされています。この庭園《ていえん》には、水《みず》を高《たか》くくみあげる進《すす》んだ技術《ぎじゅつ》がつかわれていました。庭園《ていえん》は、王《おう》であるネブカドネザル2世《せい》の王妃《おうひ》のためのものでした。

空中庭園《くうちゅうていえん》のしくみはよくわかっていませんが、七不思議《ななふしぎ》（36ページ）にあげられるほど、古代《こだい》の人々《ひとびと》をひきつけていた建物《たてもの》だったようです。

メモ

ハンムラビ法典《ほうてん》は、古《こ》バビロニア王国《おうこく》のハンムラビ王《おう》が制《せい》定《てい》した“古代《こだい》のおきて”。「目《め》には目《め》を、歯《は》には歯《は》を」という内容《ないよう》で知《し》られている。“やられたらやり返《かえ》せ”という意《い》味《み》でとられることが多《おお》いが、実《じつ》は「やられたこと以上《いじょう》にやり返《かえ》してはいけない」と定《さだ》めたものだ。

バビロンの空中庭園《くうちゅうていえん》

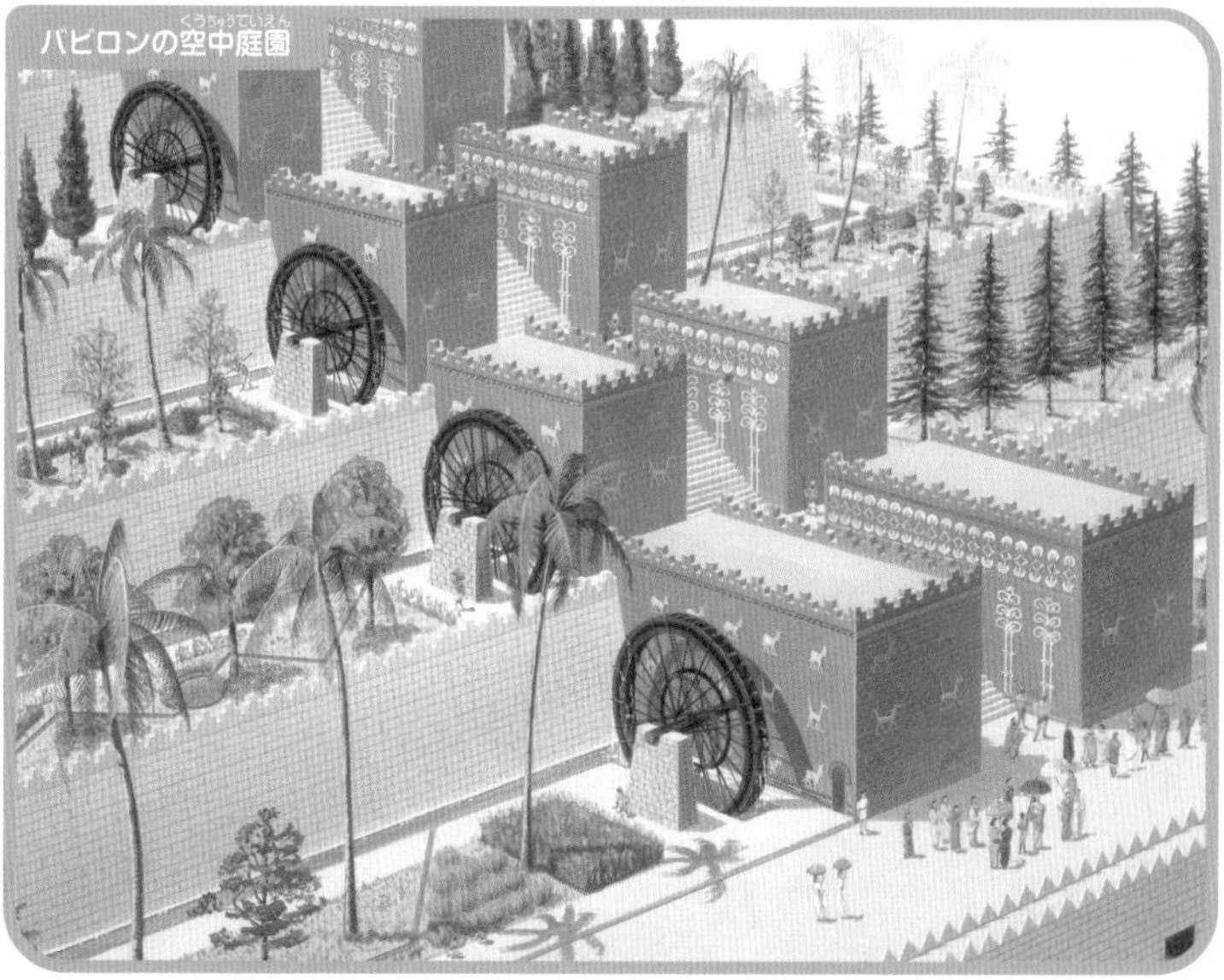

イラストは、空中庭園《くうちゅうていえん》の想像図《そうぞうず》。まわりが５段《だん》の階段《かいだん》のような建造物《けんぞうぶつ》で、一番下《いちばんした》の段《だん》は一辺《いっぺん》が125メートルの正方形《せいほうけい》、全体《ぜんたい》の高《たか》さは25メートル。ユーフラテス川《がわ》の水《みず》を各段《かくだん》にくみ上《あ》げる仕組《しくみ》みがある。

バビロニアは、ティグリス川《がわ》とユーフラテス川《がわ》の下流《かりゅう》の地域《ちいき》をさす。バビロンは、そこにある都市《とし》で、新《しん》バビロニア王国《おうこく》の首都《しゅと》もあった。新《しん》バビロニアは、紀元前《きげんぜん》539年《ねん》にアケメネス朝《ちょう》ペルシアに滅《ほろ》ぼされた。

バビロニアの都《みやこ》バビロン

もっと知《し》りたい

ハンムラビ法典《ほうてん》では、被害者《ひがいしゃ》の身分《みぶん》がちがうと、刑罰《けいばつ》もちがった。

03

ヒッタイトは鉄《てつ》の武器《ぶき》で小《しょう》アジアを支配《しはい》した

現在《げんざい》のトルコにあたる小《しょう》アジアには、人類《じんるい》で最初《さいしょ》に鉄器《てっき》を本格的《ほんかくてき》につかったヒッタイトという国《くに》がありました。

ヒッタイトは、紀元前《きげんぜん》17世紀《せいき》にハットゥシャを首都《しゅと》として建国《けんこく》されました。かたい鉄《てつ》で強《つよ》い武器《ぶき》をつくることができたヒッタイトは、小《しょう》アジア一帯《いったい》を支配《しはい》します。その後《ご》、バビロンに攻《せ》めこんで、紀元前《きげんぜん》1595年《ねん》に古《こ》バビロニア王国《おうこく》を滅《ほろ》ぼしました。

ところが、紀元前《きげんぜん》1200年《ねん》ごろに、ヒッタイトはなぞの海《うみ》の民《たみ》によって滅《ほろ》ぼされます。ヒッタイトが滅《ほろ》んだことで、秘密《ひみつ》にされていた製鉄技術《せいてつぎじゅつ》が地中海《ちちゅうかい》に広《ひろ》がりました。世界《せかい》は青銅器《せいどうき》時代《じだい》から鉄器時代《てっきじだい》に入《はい》ったのです。

メモ

鉄《てつ》がつかわれる前《まえ》の時代《じだい》を「青銅器時代《せいどうきじだい》」という。青銅《せいどう》は、約《やく》90パーセントの銅《どう》と約《やく》10パーセントの錫《すず》をまぜてつくられる合金《ごうきん》だ。鉄《てつ》は青銅器《せいどうき》よりもかたいため、がんじょうな武器《ぶき》や儀式用《ぎしきよう》の道具《どうぐ》などをつくるのにつかわれた。

城壁《じょうへき》に囲《かこ》まれたヒッタイトの首都《しゅと》

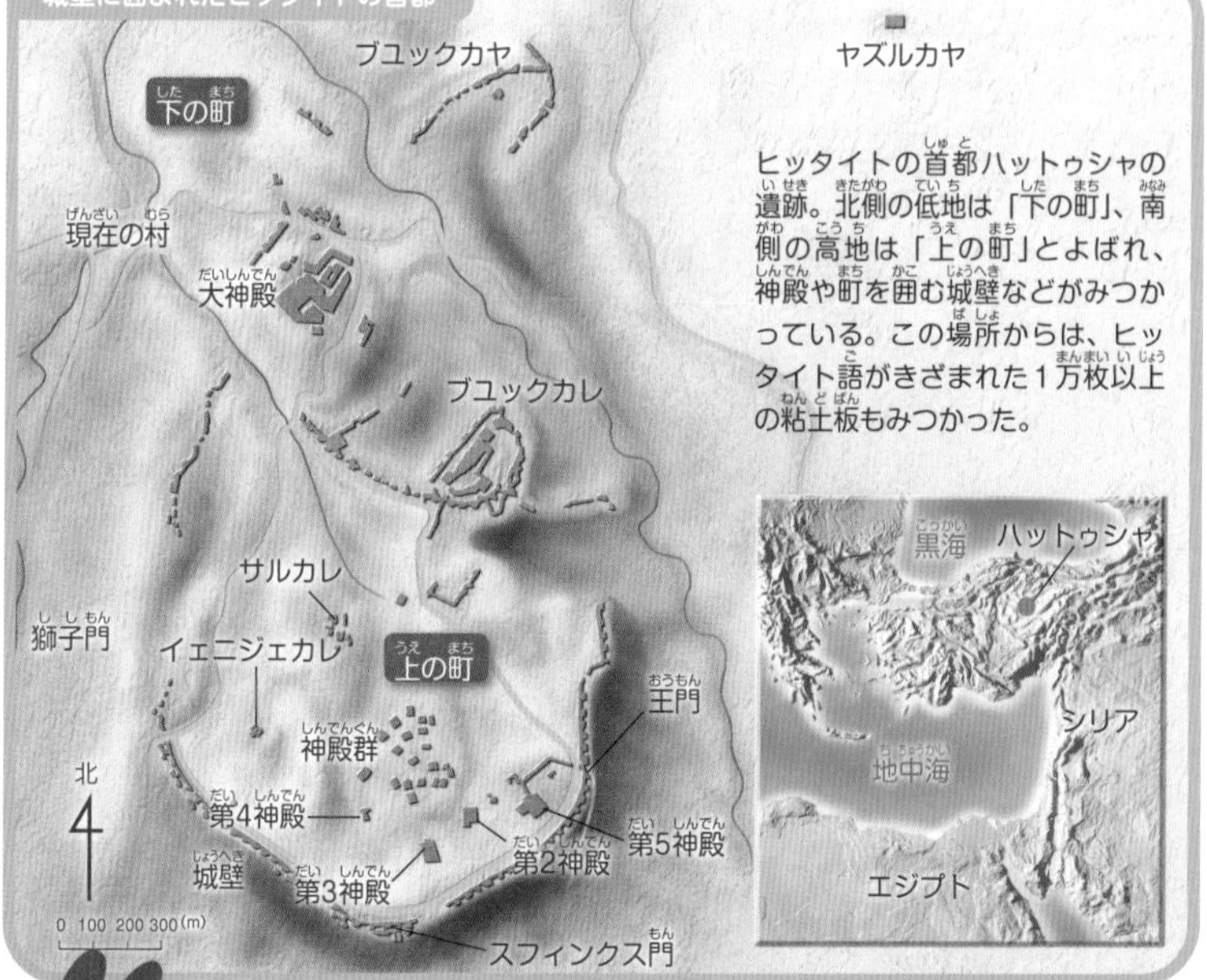

ヒッタイトの首都《しゅと》ハットゥシャの遺跡《いせき》。北側《きたがわ》の低地《ていち》は「下《した》の町《まち》」、南《みなみ》側《がわ》の高地《こうち》は「上《うえ》の町《まち》」とよばれ、神殿《しんでん》や町《まち》を囲《かこ》む城壁《じょうへき》などがみつかっている。この場所《ばしょ》からは、ヒッタイト語《ご》がきざまれた１万枚《まんまい》以上《いじょう》の粘土板《ねんどばん》もみつかった。

獅子門《ししもん》とレリーフ

上《うえ》の写真《しゃしん》は、ハットゥシャ南西《なんせい》にある獅子門《ししもん》。その頭部《とうぶ》には、ヒッタイトの象形文字《しょうけいもじ》がきざまれている。下《した》の写真《しゃしん》は、鉄《てつ》の鎌《かま》をもった12神像《しんぞう》のレリーフ。ヒッタイト人《じん》のふだんの姿《すがた》が、ここからわかるようだ。

もっと知りたい

小《しょう》アジアは、アナトリアともよばれる。

04

ペルシア帝国《ていこく》の都《みやこ》ペルセポリスは領土《りょうど》をおさめる王《おう》の儀式《ぎしき》の中心地《ちゅうしんち》

オリエントは、紀元前《きげんぜん》525年《ねん》にアケメネス朝《ちょう》ペルシアが支配《しはい》します。その領土《りょうど》は、インド西部《せいぶ》からエジプト、小《しょう》アジア、中央《ちゅうおう》アジアの一部《いちぶ》までという、これまでにない広大《こうだい》なものでした。

王《おう》は広大《こうだい》な帝国《ていこく》をおさめるため、都《みやこ》から都《みやこ》へと移動《いどう》する必要《ひつよう》がありました。首都《しゅと》の一《ひと》つペルセポリスは、最《もっと》も栄《さか》えたころの紀元前《きげんぜん》510年代《ねんだい》に建設《けんせつ》がはじまりま

ペルセポリス

ペルセポリスの遺跡《いせき》は、高《たか》さ十数《じゅうすう》メートルの"台《だい》"のような土地《とち》に建《た》てられている。全体《ぜんたい》の大《おお》きさは、東西《とうざい》300メートル、南北《なんぼく》400メートル。この場所《ばしょ》は、紀元前《きげんぜん》330年《ねん》にアレクサンドロス大王《だいおう》（68ページ）によって破壊《はかい》された。

す。この都《みやこ》で一番《いちばん》大事《だいじ》な場所《ばしょ》は、王《おう》に会《あ》うための宮殿《きゅうでん》「アパダーナ（謁見殿《えっけんでん》）」でした。ペルセポリスは、そうした儀式《ぎしき》をおこなうことが中心《ちゅうしん》の都《みやこ》だったのです。

ペルセポリスの宮殿《きゅうでん》の中《なか》で最《もっと》も大事《だいじ》な場所《ばしょ》。この大広間《おおひろま》の天井《てんじょう》は、36本《ほん》の柱《はしら》に支《ささ》えられていた。ダレイオス1世《せい》の宮殿《きゅうでん》が、奥《おく》にみえている。

ペルシア帝国《ていこく》は、アケメネス朝《ちょう》（紀元前《きげんぜん》550～前《ぜん》330年《ねん》）とササン朝《ちょう》（紀元前《きげんぜん》226～紀元《きげん》651年《ねん》）の2つの王朝《おうちょう》が別々《べつべつ》の時期《じき》にオリエントを支配《しはい》した。ギリシャの支配《しはい》もめざしたが（ペルシア戦争《せんそう》、65ページ）、落《お》とせなかった。

もっと知《し》りたい

帝国内《ていこくない》の各地《かくち》をむすぶため、「王《おう》の道《みち》」とよばれる国道《こくどう》がつくられた。

05

東西《とうざい》の大国《たいこく》の間《あいだ》で栄《さか》えた文化《ぶんか》のいりまじる都市《とし》パルミラ

ギリシャやローマがある西方《せいほう》のヨーロッパと、中国《ちゅうごく》がある東《ひがし》アジアは「シルクロード」（104ページ）を通《とお》して人《ひと》や文化《ぶんか》が行《い》きかいました。その途《と》中《ちゅう》にあるパルミラは、紀元前《きげんぜん》1～紀元《きげん》3世紀《せいき》に栄《さか》えた交易都市《こうえきとし》です。

パルミラは、ササン朝《ちょう》ペルシアの前《まえ》にオリエントを支配《しはい》していたパルティアとローマとの間《あいだ》で交易《こうえき》を重《かさ》ねました。その結果《けっか》、ヘレニズム・ローマとオリエントという東西《とうざい》の文化《ぶんか》がいりまじった、独特《どくとく》の美術《びじゅつ》や建築《けんちく》が生《う》まれます。

一時《いちじ》、ローマの属州《ぞくしゅう》になったあとに独立《どくりつ》しますが、最後《さいご》はローマ軍《ぐん》に町《まち》を壊《こわ》されて、歴史《れきし》から姿《すがた》を消《け》しました。

メモ

パルティア王国《おうこく》（紀元前《きげんぜん》248～紀元《きげん》226年《ねん》）は、イラン系《けい》遊牧民族《ゆうぼくみんぞく》がつくった大国《たいこく》。紀《き》元前《げんぜん》1世紀《せいき》ごろに共和政《きょうわせい》ローマと争《あらそ》っていたが、このことで国力《こくりょく》を失《うしな》い、紀元《きげん》226年《ねん》に、ササン朝《ちょう》ペルシアに滅《ほろ》ぼされた。

東西文化《とうざいぶんか》がいりまじるパルミラ

パルミラの遺跡《いせき》にある、紀元《きげん》32年《ねん》に建《た》てられたベール神殿《しんでん》には、バビロニアの神《かみ》がまつられている。一方《いっぽう》、１世紀以降《せいきいこう》につくられた外壁沿《がいへきぞ》いの柱《はしら》には、ギリシャ風《ふう》の様式《ようしき》（コリント式《しき》）がつかわれており、東西《とうざい》の文化《ぶんか》がいりまじっている。

パルミラは、シリア砂漠《さばく》の中央《ちゅうおう》にあるオアシス都市《とし》。砂漠《さばく》を通行《つうこう》する商人《しょうにん》たちから得《え》る関税《かんぜい》などで栄《さか》えたため、町《まち》には神殿《しんでん》や円形劇場《えんけいげきじょう》がつくられた。

砂漠《さばく》の中《なか》のオアシス都市《とし》

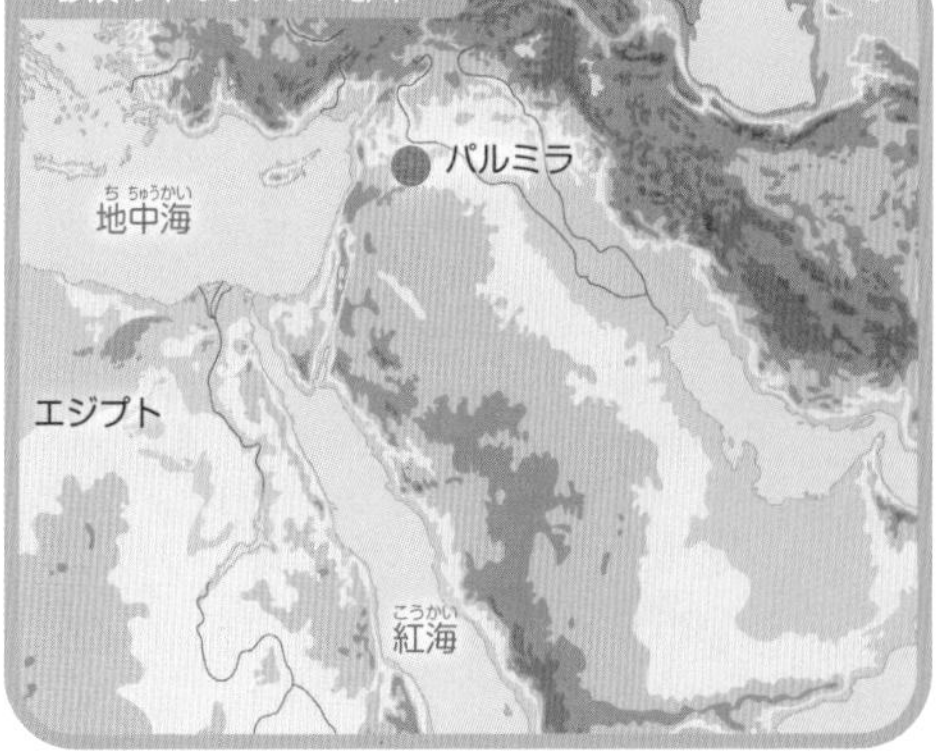

もっと知《し》りたい

パルミラの語源《ごげん》は、ギリシャ語《ご》の「パルム（ナツメヤシ）の街《まち》」。

06

ローマに命《いのち》がけで抵抗《ていこう》した ユダヤ人《じん》の砦《とりで》「マサダ遺跡《いせき》」

紀元前《きげんぜん》11世紀《せいき》ごろ、西《にし》アジアの地中《ちちゅう》海沿岸《かいえんがん》にある土地《とち》（パレスチナ地方《ちほう》）に、ヘブライ人《じん》によるヘブライ王国《おうこく》（イスラエル王国《おうこく》）が誕生《たんじょう》しました。この国《くに》はその後《ご》、北《きた》のイスラエル王国《おうこく》と南《みなみ》のユダ王国《おうこく》にわかれますが、イスラエルはアッシリアに、ユダは新《しん》バビロニアに支配《しはい》されます。

やがて新《しん》バビロニアが滅《ほろ》ぶと、連行《れんこう》されていたヘブライ人《じん》はパレスチナ地《ち》方《ほう》に戻《もど》されますが、今度《こんど》はローマの支《し》配《はい》がはじまります。マサダ遺跡《いせき》は、ローマに抵抗《ていこう》したユダヤ人《じん》が、命《いのち》をかけて立《た》てこもった砦《とりで》だったのです。

ヘブライ王国《おうこく》の範囲《はんい》

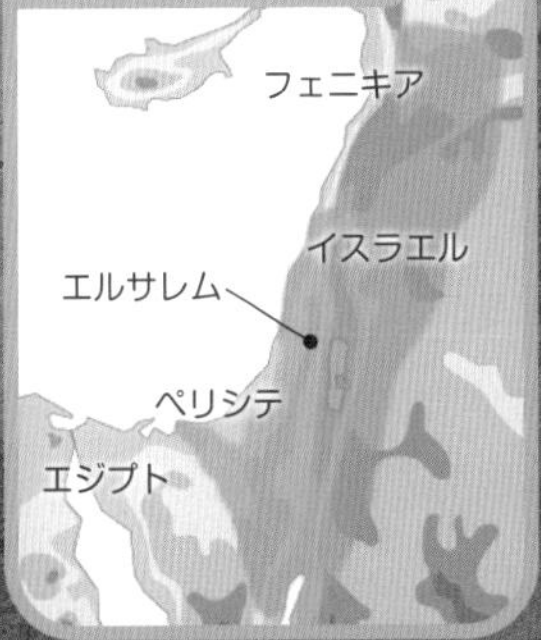

上《うえ》は、ヘブライ王国《おうこく》（イスラエル王国《おうこく》）が２代目《だいめ》の王《おう》ダビデのころの領土《りょうと》。その北側《きたがわ》にあったフェニキアは、地中海一帯《ちちゅうかいいったい》に植民市《しょくみんし》を広《ひろ》げ、カルタゴ（52ページ）のような国《くに》ができていく。

ユダヤ人《じん》が立《た》てこもったマサダ遺跡《いせき》

紀元《きげん》66年《ねん》に反乱《はんらん》をおこしたユダヤ人《じん》は（ユダヤ戦争《せんそう》）、約《やく》1000人《にん》がイスラエル東部《とうぶ》にあるマサダに立《た》てこもった。攻《せ》め落《お》とすのが困難《こんなん》な砦《とりで》だったが、2年《ねん》の攻防《こうぼう》のあとでローマ軍《ぐん》にやぶられる。生《い》き残《のこ》った人々《ひとびと》は自決《じけつ》という悲《かな》しい最期《さいご》をとげた。

メモ

ユダ王国《おうこく》が新《しん》バビロニア王国《おうこく》に支配《しはい》され、住民《じゅうみん》がバビロニアに連行《れんこう》されると、ヘブライ人《じん》はユダヤ人《じん》とよばれるようになる。

もっと知《し》りたい

マサダはヘブライ語《ご》で「要塞《ようさい》」(守《まも》りのための軍事用《ぐんじよう》の建物《たてもの》）を意味《いみ》する。

07

ビザンツ帝国《ていこく》の栄光《えいこう》をたたえる ハギア・ソフィア

ハギア・ソフィア大聖堂《だいせいどう》

ヨーロッパで大帝国《だいていこく》に成長《せいちょう》していたローマは、小《しょう》アジアまで領土《りょうど》を広《ひろ》げていました。しかし、広《ひろ》すぎる領土《りょうど》があだとなって力《ちから》を失《うしな》っていき、395年《ねん》に東西《とうざい》にわかれます（76ページ）。

　こうしてできたビザンツ帝国《ていこく》（東《ひがし》ローマ帝国《ていこく》）は、その後《ご》、西《にし》ローマ帝国《ていこく》の首都《しゅと》だったローマをふくむ西地中海沿岸《にしちちゅうかいえんがん》をとり返《かえ》しました。この栄光《えいこう》をたたえ

「アヤ・ソフィア」
ともよばれるよ

様式《ようしき》のまじった大聖堂《だいせいどう》内部《ないぶ》

ハギア・ソフィア大聖堂《だいせいどう》の内部《ないぶ》。キリスト教《きょう》とイスラム教《きょう》の様式《ようしき》がまじったあとがみられる。ビザンツ帝国《ていこく》の時代《じだい》に生《う》まれた「ビザンツ美術《びじゅつ》」は、初期《しょき》のキリスト教美術《きょうびじゅつ》にくわえて、メソポタミアやエジプトなどの東方美術《とうほうびじゅつ》の影響《えいきょう》を受《う》けている。

トルコのイスタンブールにある、ハギア・ソフィア大聖堂《だいせいどう》。中央《ちゅうおう》のドームは高《たか》さが約《やく》55メートル、直径《ちょっけい》が約《やく》31メートルある。15世紀《せいき》に、オスマン帝国《ていこく》がこの地《ち》を支配《しはい》すると、大聖堂《だいせいどう》はモスクとして使《つか》われるようになった。

るようにして再建《さいけん》されたのが、ギリシャ正教《せいきょう》の総本山《そうほんざん》であるハギア・ソフィア大聖堂《だいせいどう》です。ギリシャ正教《せいきょう》はビザンツ帝国《ていこく》に保《ほ》護《ご》されたことで広《ひろ》まっていったのです。

メモ

西《にし》ローマ帝国《ていこく》は、北方《ほっぽう》のゲルマン人《じん》のような異民族《いみんぞく》の流入《りゅうにゅう》にもなやまされた。西《にし》ローマ帝国《ていこく》は、476年《ねん》に皇帝《こうてい》が国内《こくない》の勢力《せいりょく》によって退位《たいい》させられたことで滅《ほろ》びた。一方《いっぽう》、ビザンツ帝国《ていこく》は1000年以上《ねんいじょう》つづく安定《あんてい》した国《くに》となる。

もっと知《し》りたい

ビザンツ帝国《ていこく》の滅亡後《めつぼうご》、首都《しゅと》コンスタンティノープルはイスタンブールに改名《かいめい》した。

08

イスラム帝国《ていこく》の都市《とし》として大《おお》いに栄《さか》えたイスファハーン

610年《ねん》に預言者《よげんしゃ》ムハンマドによってはじまったイスラム教《きょう》は、その後《ご》の世界《せかい》を大《おお》きくかえました。

ムハンマドの死後《しご》、「カリフ」とよばれるイスラム教《きょう》の最高指導者《さいこうしどうしゃ》が国《くに》をつくります。すると当時《とうじ》、力《ちから》が弱《よわ》くなっていたビザンツ帝国《ていこく》からシリアやエジプトをうばいました。さらに、大帝国《だいていこく》だったササン朝《ちょう》ペルシアをも滅《ほろ》ぼして、中東《ちゅうとう》から北《きた》アフリカまでの大半《たいはん》を手《て》に入《い》れたのです。

その後《ご》、いくつものイスラム王朝《おうちょう》が生《う》まれては消《き》えていきます。その一《ひと》つ、16世紀《せいき》にイランにできたサファヴィー朝《ちょう》の首都《しゅと》イスファハーンは、商業《しょうぎょう》の中心都市《ちゅうしんとし》として大《おお》いに栄《さか》えました。

メモ

7世紀《せいき》ごろ、ビザンツ帝国《ていこく》とオリエントのササン朝《ちょう》ペルシアが争《あらそ》っていた時期《じき》にイスラム教《きょう》が広《ひろ》まっていく。結果的《けっかてき》に、ビザンツ帝国《ていこく》はイスラム帝国《ていこく》に領土《りょうど》をうばわれてアナトリア（小《しょう》アジア）をおさめるだけの国《くに》になる。

“イスファハーンは世界《せかい》の半分《はんぶん》”

イスファハーンはイランのサファヴィー朝《ちょう》（1501～1736）の時代《じだい》に建設《けんせつ》された都《みやこ》。商業《しょうぎょう》、文化《ぶんか》の中《ちゅう》心地《しんち》として栄《さか》えたので、「イスファハーンは世界《せかい》の半分《はんぶん》」といわれた。写真《しゃしん》は、イマーム広場《ひろば》にある「王《おう》のモスク（イマームモスク）」の入《い》り口《ぐち》。

イスラム帝国《ていこく》の領土《りょうど》

アッバース朝《ちょう》のころのイスラム帝国《ていこく》の領土《りょうど》。イスラム帝国《ていこく》の王朝《おうちょう》は、最初《さいしょ》の正統《せいとう》カリフ時代《じだい》（632～661）のあとに、ウマイヤ朝《ちょう》（661～750）、アッバース朝《ちょう》（750～1258）とつづいた。

もっと知《し》りたい

イスラム教徒《きょうと》は「ムスリム」とよばれる。

09

しゃしんギャラリー
オスマン帝国《ていこく》が残《のこ》した遺跡《いせき》

1000年《ねん》以上《いじょう》つづいたビザンツ帝《てい》国《こく》は、1453年《ねん》に、トルコ人《じん》がつくったイスラム国家《こっか》「オスマン帝国《ていこく》」に滅《ほろ》ぼされました。

首都《しゅと》の名前《なまえ》はイスタンブールにかえられました。ここには、イスラム国家《こっか》の"支配者《しはいしゃ》"を意味《いみ》する「スルタン」の名《な》がついたモスクがあります。「スルタン・アフメット・モスク」です。

その横《よこ》には、ビザンツ帝国《ていこく》のかつての栄光《えいこう》を今《いま》に伝《つた》える「ハギア・ソフィア大聖堂《だいせいどう》」も建《た》っています。

スルタン・アフメット・モスクは、オスマン帝国《ていこく》の14代目《だいめ》の支配者《しはいしゃ》（スルタン）である、アフメット1世《せい》によってつくられた。「ブルーモスク」ともよばれている。この建物《たてもの》があるボスポラス海峡《かいきょう》とマルマラ海《かい》、金角《きんかく》湾《わん》に囲《かこ》まれた半島《はんとう》の先《さき》には、「ハギア・ソフィア大聖堂《だいせいどう》」と、コンスタンティノープルを攻《せ》め落《お》としたメフメト2世《せい》の「トプカプ宮殿《きゅうでん》」もある（左《ひだり》の画像《がぞう》）。

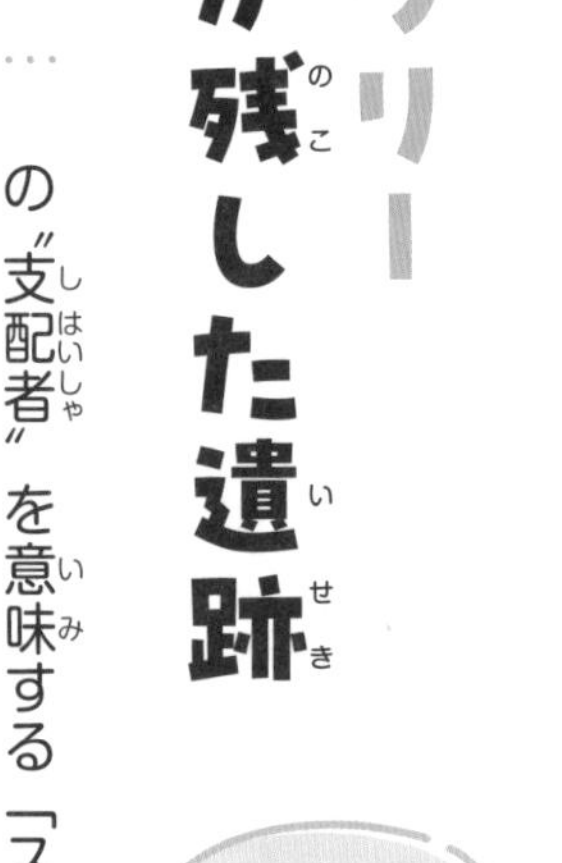

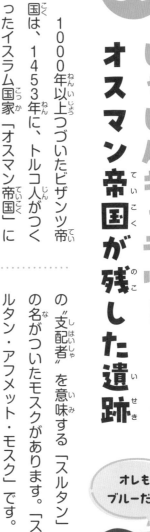

"ブルーモスク"

もっと知《し》りたい

オスマン帝国《ていこく》は、1922年《ねん》にスルタン制度《せいど》が廃止《はいし》されるまで600年間《ねんかん》つづいた。

やすみじかん

エルサレムってなに？

　パレスチナ地方《ちほう》にあるエルサレムには、3つの宗教《しゅうきょう》にとって大事《だいじ》な建造物《けんぞうぶつ》があります。「嘆《なげ》きの壁《かべ》」(ユダヤ教《きょう》)、「聖墳墓教会《せいふんぼきょうかい》」(キリスト教《きょう》)、「岩《いわ》のドーム」(イスラム教《きょう》) です。そのため、それぞれの宗教《しゅうきょう》を信仰《しんこう》する人《ひと》たちが、世界中《せかいじゅう》からおとずれます。信者《しんじゃ》でなくても、一度《いちど》はおとずれてみたいですね。

嘆《なげ》きの壁《かべ》はイスラエル王国時代《おうこくじだい》の神殿《しんでん》の遺跡《いせき》、聖墳墓教会《せいふんぼきょうかい》はイエスが十字架《じゅうじか》にかけられた丘《おか》があったところ、岩《いわ》のドームは預言者《よげんしゃ》ムハンマドが神《かみ》から言葉《ことば》を授《さず》かった場所《ばしょ》だ。

嘆《なげ》きの壁《かべ》の奥《おく》に岩《いわ》のドームがある。

5

じかんめ

東《ひがし》アジアの古《こ》代《だい》遺《い》跡《せき》

東《ひがし》アジアの古代文明《こだいぶんめい》は、中国《ちゅうごく》の2つの大《おお》きな川《かわ》の流域《りゅういき》で生《う》まれました。中国《ちゅうごく》の国《くに》はむずかしい漢字《かんじ》をつかうので、なんだか強《つよ》そうですね。実《じつ》はその中《なか》に、西《にし》アジアまで支配《しはい》した、あのモンゴル帝国《ていこく》もあります。ここでは、中《ちゅう》国《ごく》の古代遺跡《こだいいせき》を中心《ちゅうしん》にみていきましょう。

日本《にほん》の古代遺跡《こだいいせき》も出《で》てくるよ！

01 東《ひがし》アジアの古代文明《こだいぶんめい》は黄河《こうが》と長江《ちょうこう》の流域《りゅういき》で生《う》まれた

東《ひがし》アジアの古代文明《こだいぶんめい》は、約《やく》7000年前《ねんまえ》に、中国《ちゅうごく》を流《なが》れる黄河《こうが》と長江《ちょうこう》のそれぞれの流域《りゅういき》で生《う》まれた中国文明《ちゅうごくぶんめい》です。最古《さいこ》の王朝《おうちょう》は夏《か》といわれていますが、その都《みやこ》は確認《かくにん》されていません。確《かく》認《にん》できる最古《さいこ》の王朝《おうちょう》は殷《いん》といいます。

中国《ちゅうごく》の北方《ほっぽう》にあるモンゴル高原付近《こうげんふきん》には古《ふる》くから遊牧民《ゆうぼくみん》がすんでおり、ユーラシアの東側《ひがしがわ》を支配《しはい》したモンゴル帝《てい》国《こく》が生《う》まれています。インド発《はつ》の仏教《ぶっきょう》は後漢《ごかん》の時代《じだい》に中国《ちゅうごく》へ伝《つた》わりました。

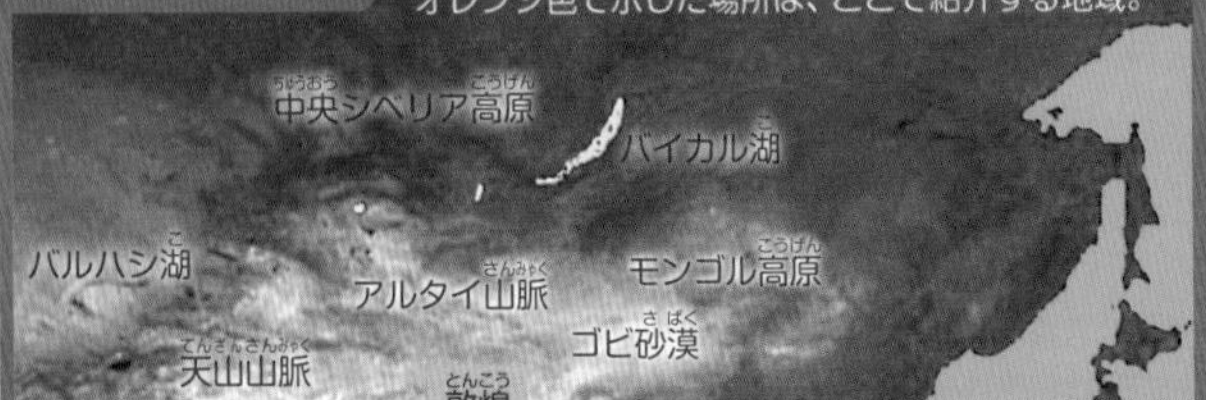

東《ひがし》アジアの地理《ちり》
オレンジ色《いろ》で示《しめ》した場所《ばしょ》は、ここで紹介《しょうかい》する地域《ちいき》。

東《ひがし》アジアの時代区分《じだいくぶん》

	中国《ちゅうごく》	中央《ちゅうおう》・北《きた》アジア	朝鮮半島《ちょうせんはんとう》	日本《にほん》
紀元前《きげんぜん》1600年頃《ねんごろ》	殷《いん》（商《しょう》）			
紀元前《きげんぜん》1100年頃《ねんごろ》	西周《せいしゅう》			
紀元前《きげんぜん》770年《ねん》	春秋時代《しゅんじゅうじだい》（東周《とうしゅう》）	匈奴《きょうど》		
紀元前《きげんぜん》403年《ねん》	戦国時代《せんごくじだい》（東周《とうしゅう》）			
紀元前《きげんぜん》221年《ねん》	秦《しん》			
紀元前《きげんぜん》202年《ねん》	前漢《ぜんかん》		古朝鮮時代《こちょうせんじだい》、高句麗《こうくり》	
紀元《きげん》8年《ねん》	新《しん》			
紀元《きげん》25年《ねん》	後漢《ごかん》	鮮卑《せんぴ》		
紀元《きげん》220年《ねん》	三国時代《さんごくじだい》（魏《ぎ》・蜀《しょく》・呉《ご》）			
紀元《きげん》304年《ねん》	五胡十六国《ごこじゅうろっこく》	柔然《じゅうぜん》	百済《くだら》、新羅《しらぎ》	
紀元《きげん》439年《ねん》	南北朝《なんぼくちょう》	突厥《とっけつ》		古墳時代《こふんじだい》
紀元《きげん》581年《ねん》	隋《ずい》			
紀元《きげん》618年《ねん》	唐《とう》	渤海《ぼっかい》、ウイグル、カラ＝ハン朝《ちょう》		飛鳥《あすか》、奈良時代《ならじだい》
紀元《きげん》907年《ねん》	五代十国《ごだいじっこく》		高麗《こうらい》	平安時代《へいあんじだい》
紀元《きげん》960年《ねん》	宋《そう》	西夏《せいか》、金《きん》、西遼《せいりょう》		
紀元《きげん》1271年《ねん》	元《げん》（モンゴル）	オゴタイ＝ハン国《こく》		鎌倉時代《かまくらじだい》
紀元《きげん》1368年《ねん》	明《みん》	北元《ほくげん》、オイラト	朝鮮《ちょうせん》	南北朝《なんぼくちょう》、室町《むろまち》、安土桃山時代《あづちももやまじだい》

中国《ちゅうごく》（明《みん》の時代《じだい》まで）を中心《ちゅうしん》に、中央《ちゅうおう》・北《きた》アジア、朝鮮半島《ちょうせんはんとう》、日本《にほん》のおもな時代《じだい》を示《しめ》す。
うしろの写真《しゃしん》は、明《みん》・清時代《しんじだい》の紫禁城《しきんじょう》（今《いま》は故宮博物院《こきゅうはくぶついん》）。

もっと知《し》りたい

ユーラシアとは、アジアとヨーロッパをあわせた大陸《たいりく》のこと。

02 中国《ちゅうごく》を統一《とういつ》した秦《しん》の始皇帝《しこうてい》の兵馬俑《へいばよう》

殷王朝《いんおうちょう》は周王朝《しゅうおうちょう》に滅《ほろ》ぼされます。その後《ご》、周《しゅう》が異民族《いみんぞく》に攻《せ》められたことをきっかけに、中国《ちゅうごく》は複数《ふくすう》の国《くに》が争《あらそ》う混《こん》乱《らん》の時代《じだい》に入《はい》りました。この戦《たたか》いを勝《か》ちぬき、紀元前《きげんぜん》221年《ねん》に中国《ちゅうごく》を支配《しはい》（統一《とういつ》）したのが秦《しん》です。秦《しん》の王《おう》は、はじめて皇帝《こうてい》を名《な》のったので、「始皇《しこう》帝《てい》」といわれるようになりました。

始皇帝《しこうてい》の力《ちから》を示《しめ》す遺跡《いせき》の一《ひと》つが西安《せいあん》にある「兵馬俑《へいばよう》」で、これは死後《しご》の皇《こう》帝《てい》を守《まも》るためにつくられたものとされています。焼《や》き物《もの》の兵士《へいし》や馬《うま》の像《ぞう》が、全部《ぜんぶ》で8000体《たい》ほど発掘《はっくつ》されました。

始皇帝《しこうてい》は、厳《きび》しい政策《せいさく》をおこなったため、始皇帝《しこうてい》の死後《しご》、統一《とういつ》からわずか15年《ねん》で秦《しん》は滅《ほろ》びました。

メモ

始皇帝《しこうてい》は、文字《もじ》や貨幣《かへい》を統一《とういつ》したり、万里《ばんり》の長城《ちょうじょう》（114ページ）をつくるなど、多《おお》くの大事業《だいじぎょう》をおこなった。一方《いっぽう》、他国《たこく》の本《ほん》を燃《も》やす「焚書《ふんしょ》」や、はむかう学者《がくしゃ》を生《い》き埋《う》めにする「坑儒《こうじゅ》」など、おそろしい政策《せいさく》も進《すす》めた。

兵馬俑坑《へいばようこう》　8000体《たい》の歩兵俑《ほへいよう》と戦車《せんしゃ》

兵馬俑《へいばよう》が置《お》かれた「兵馬俑坑《へいばようこう》」では、歩兵《ほへい》や戦車部隊《せんしゃぶたい》、騎馬部隊《きばぶたい》などがみつかっている。兵士《へいし》はおとなほどの高《たか》さで、みんなちがう表情《ひょうじょう》をしている。どの像《ぞう》にも、もともとは色《いろ》がつけられていたようだ。兵馬俑坑《へいばようこう》の近《ちか》くにある始皇帝《しこうてい》の墓《はか》では、兵以外《へいいがい》の俑《よう》がみつかっている。

もっと知《し》りたい

「俑《よう》」は焼《や》き物《もの》の人形《にんぎょう》のことで、兵馬《へいば》（兵士《へいし》と馬《うま》）があるので兵馬俑《へいばよう》という。

03

東《ひがし》アジアとヨーロッパをむすび物《もの》と文化《ぶんか》を伝《つた》えたシルクロード

中国《ちゅうごく》は、古《ふる》くから絹織物《きぬおりもの》の名産《めいさん》地《ち》でした。この絹《きぬ》をヨーロッパに伝《つた》えたのが「シルクロード（絹《きぬ》の道《みち》）」です。絹《きぬ》以《い》外《がい》にも、ヨーロッパがある西方《せいほう》との間《あいだ》で多《おお》くの物《もの》が行《い》きかいました。物《もの》だけでなく、宗教《しゅうきょう》や科学《かがく》もシルクロードで伝《つた》わったのです。

シルクロードは、漢《かん》の時代《じだい》のとある出来事《できごと》によって切《き》りひらかれました。

複数《ふくすう》のルートがあるシルクロード

シルクロードには複数《ふくすう》のルートがあった。4世紀《せいき》ごろには、敦煌《とんこう》や楼蘭《ろうらん》付近《ふきん》から西域北道《せいいきほくどう》と西域南道《せいいきなんどう》にわかれるルートがあったようだ。玉門関《ぎょくもんかん》と陽関《ようかん》は関所《せきしょ》で、西域《せいいき》との間《あいだ》を行《い》きかう物《もの》はかならずここを通《とお》った。途中《とちゅう》には多《おお》くの遺跡《いせき》があり、はるか西《にし》の先《さき》のヨーロッパをのぞむ。

紀元前《きげんぜん》120年《ねん》ごろ、漢《かん》は匈奴《きょうど》とよばれるモンゴル高原《こうげん》の遊牧民《ゆうぼくみん》になやまされていました。そこで、中央《ちゅうおう》アジアにいた大月氏《だいげっし》という国《くに》と同盟《どうめい》をむすぼうと、西《にし》アジアを目指《めざ》したのです。

結果的《けっかてき》に、大月氏《だいげっし》と同盟《どうめい》はむすべませんでしたが、このときにできたルートがシルクロードになります。その途中《とちゅう》にある敦煌《とんこう》には、匈奴《きょうど》に立《た》ち向《む》かう漢《かん》がつくった玉《ぎょく》門関《もんかん》や、その後《ご》にできた莫高窟《ばっこうくつ》などの遺跡《いせき》をみることができます。

三日月形《みかづきがた》のオアシス

砂漠《さばく》を通《とお》るきびしいシルクロードは、オアシスをむすんでつくられた。敦煌《とんこう》の近《ちか》くにある鳴沙山《めいさざん》のふもとには、月牙《げつが》泉《せん》とよばれる三日月形《みかづきがた》のオアシスがある。

鳴沙山《めいさざん》の砂《すな》は
風《かぜ》で鳴《な》くような
音《おと》を出《だ》すんだって

もっと知《し》りたい

16世紀以降《せいきいこう》になると、シルクロードよりも海洋《かいよう》ルートによる貿易《ぼうえき》が盛《さか》んになる。

04 仏教伝来《ぶっきょうでんらい》のようすを伝《つた》える 敦煌《とんこう》の莫高窟《ばっこうくつ》

敦煌《とんこう》の東南《とうなん》にある莫高窟《ばっこうくつ》は、仏教《ぶっきょう》の修行《しゅぎょう》の場所《ばしょ》として知《し》られています。漢《かん》が滅《ほろ》びると、中国《ちゅうごく》は三国時代《さんごくじだい》、五《ご》胡十六国《こじゅうろっこく》、南北朝《なんぼくちょう》という戦国《せんごく》の時代《じだい》に入《はい》ります。莫高窟《ばっこうくつ》は、その混乱期《こんらんき》にあたる366年《ねん》に開《ひら》かれました。

北魏《ほくぎ》が中国《ちゅうごく》を統一《とういつ》したあとも造営《ぞうえい》はつづき、その後《ご》、1000年以上《ねんいじょう》にわたって、仏教《ぶっきょう》の教《おし》えを伝《つた》える絵《え》や仏像《ぶつぞう》がつくられました。仏教《ぶっきょう》がインドから伝《つた》わったようすもきざまれています。

メモ

三国時代《さんごくじだい》は、魏《ぎ》・呉《ご》・蜀《しょく》の3国《ごく》が争《あらそ》って西晋《せいしん》に統一《とういつ》されるまでの時代《じだい》。五《ご》胡十六国《こじゅうろっこく》は、漢族《かんぞく》の建《た》てた3国《ごく》と五胡《ごこ》が建《た》てた13国《こく》が争《あらそ》って北魏《ほくぎ》に統一《とういつ》されるまでの時代《じだい》。南北朝《なんぼくちょう》は、華北《かほく》と江南《こうなん》に分裂《ぶんれつ》した時代《じだい》。

莫高窟《ばっこうくつ》のシンボル「九層楼《きゅうそうろう》」

莫高窟《ばっこうくつ》には、735の石窟《せっくつ》（岩《いわ》をほってつくられた部屋《へや》や建物《たてもの》）があって、それぞれに番号《ばんごう》がふられている。上《うえ》は莫高窟《ばっこうくつ》のシンボルといえる96窟《くつ》（九層楼《きゅうそうろう》ともよばれる）。高《たか》さは約《やく》40メートルで、内部《ないぶ》には高《たか》さ33メートルの大仏《だいぶつ》がおさめられている。

がけにつくられた莫高窟《ばっこうくつ》

莫高窟《ばっこうくつ》は、敦煌《とんこう》の近《ちか》くにある鳴沙山《めいさざん》のがけにつくられている。その長《なが》さは1600メートルにもおよび、96窟《くつ》は中心付近《ちゅうしんふきん》にある。下《した》のイラストは、その一部《いちぶ》を示《しめ》したもの。

もっと知《し》りたい

歴史書《れきししょ》『三国志《さんごくし》』は、魏《ぎ》・蜀《しょく》・呉《ご》が争《あらそ》った三国時代《さんごくじだい》をえがいた物語《ものがたり》。

05

シルクロードを通《とお》って経典《きょうてん》や仏像《ぶつぞう》も伝《つた》わってきた

インドで生《う》まれた仏教《ぶっきょう》は、漢《かん》のころからシルクロードを伝《つた》って中国《ちゅうごく》に入《はい》りはじめました。仏《ほとけ》の教《おし》えが書《か》かれた経典《きょうてん》はサンスクリット語《ご》（梵語《ぼんご》）で書《か》かれていたため、中国語《ちゅうごくご》に訳《やく》す作業《さぎょう》もはじまります。そのおかげで、五胡十六国《ごこじゅうろっこく》の時代《じだい》には仏教《ぶっきょう》が定着《ていちゃく》しました。

仏教《ぶっきょう》が定着《ていちゃく》すると、それまでばらばらに伝《つた》わってきた経典《きょうてん》の種類《しゅるい》や順番《じゅんばん》などが、整理《せいり》されていきました。

経典《きょうてん》とともに、仏像《ぶつぞう》もインドから中国《ちゅうごく》に伝《つた》わります。実《じつ》は、言語《げんご》を訳《やく》すように仏像《ぶつぞう》の顔《かお》も中国風《ちゅうごくふう》にかえられていきました。洛陽《らくよう》にある竜門石窟《りゅうもんせっくつ》では、中国唯一《ちゅうごくゆいいつ》の女帝《じょてい》、唐《とう》の則天武后《そくてんぶこう》がモデルとされる仏像《ぶつぞう》がみられます。

メモ

春秋戦国時代《しゅんじゅうせんごくじだい》に、中国《ちゅうごく》には孔子《こうし》や老子《ろうし》といった「諸子百家《しょしひゃっか》」とよばれる思想家《しそうか》があらわれ、のちの中国思想《ちゅうごくしそう》の原型《げんけい》をつくったとされる。経典《きょうてん》を訳《やく》すうえで、こうした思想家《しそうか》の影響《えいきょう》は大《おお》きかったようだ。

400年《ねん》かけて造営《そうえい》された龍門石窟《りゅうもんせっくつ》

龍門石窟《りゅうもんせっくつ》は北魏《ほくぎ》の時代《じだい》に建設《けんせつ》がはじまり、唐《とう》の時代《じだい》まで約《やく》400年《ねん》かけて造営《そうえい》された。写真中央《しゃしんちゅうおう》は、高《たか》さ約《やく》17メートルの座像《ざぞう》がある「奉先寺《ほうせんじ》」。左右《さゆう》にほられた無数《むすう》の“穴《あな》”は「万佛洞《まんぶつどう》」とよばれ、約《やく》1万《まん》5000体《たい》の仏像《ぶつぞう》がほられている。

仏像《ぶつぞう》の顔立《かおだ》ち

右《みぎ》は、龍門石窟《りゅうもんせっくつ》の奉先寺《ほうせんじ》にある盧舎那仏《るしゃなぶつ》（座像《ざぞう》）。中国唯一《ちゅうごくゆいいつ》の女帝《じょてい》である則天武后《そくてんぶこう》がモデルといわれている。インドから中国《ちゅうごく》に伝《つた》わるうちに、仏像《ぶつぞう》の顔立《かおだ》ちなどは中国風《ちゅうごくふう》にかわっていく。その影響《えいきょう》は、奈良《なら》の大仏《だいぶつ》（左《ひだり》の写真《しゃしん》）にも伝《つた》わった。

もっと知《し》りたい

「龍門石窟《りゅうもんせっくつ》」は中国《ちゅうごく》3大石窟《だいせっくつ》の一《ひと》つで、ほかは「莫高窟《ばっこうくつ》」と「雲崗石窟《うんこうせっくつ》」。

06 日本《にほん》ではヤマト政権《せいけん》が力《ちから》をもち、巨大《きょだい》な古墳《こふん》ができはじめた

わたしたちのすむ日本《にほん》にも、多《おお》くの古代遺跡《こだいいせき》があります。中《なか》でも目《め》を引《ひ》くのが「大仙古墳《だいせんこふん》」です。古墳《こふん》とは、身《み》分《ぶん》の高《たか》い人《ひと》のお墓《はか》のことです。大仙古《だいせんこ》墳《ふん》は、第《だい》16代天皇《だいてんのう》の仁徳天皇《にんとくてんのう》のものとみられています。

日本《にほん》には3世紀《せいき》ごろに邪馬台国《やまたいこく》という国《くに》があり、倭国《わこく》（日本《にほん》）をおさめていました。4世紀《せいき》に入《はい》ると、奈良県《ならけん》の大和地方《やまとちほう》で生《う》まれたヤマト政権《せいけん》が倭国《わこく》を統一《とういつ》します。この時代《じだい》の王《おう》や豪族《ごうぞく》（広《ひろ》い土地《とち》を支配《しはい》する一族《いちぞく》）が力《ちから》を示《しめ》すためにつくったのが古墳《こふん》なのです。

大仙古墳《だいせんこふん》は、円《えん》と台形《だいけい》をあわせた形《かたち》をした「前方後円墳《ぜんぽうこうえんふん》」で、5世紀《せいき》ごろにつくられたとされています。

メモ

仁徳天皇《にんとくてんのう》は、民《たみ》のくらしが貧《まず》しいことを知《し》ると、3年間《ねんかん》も税《ぜい》をとることをやめ、民《たみ》のくらしがもとにもどっても、税《ぜい》をとることをさらに3年間《ねんかん》やめた。こうした政策《せいさく》のほか、いくつかの事業《じぎょう》をおこなったことで、日本《にほん》の国力《こくりょく》を向上《こうじょう》させた天皇《てんのう》として知《し》られる。

日本最大《にほんさいだい》の前方後円墳《ぜんぽうこうえんふん》

大山古墳《だいせんこふん》は、全長《ぜんちょう》486メートルの日本最大《にほんさいだい》の前方後円墳《ぜんぽうこうえんふん》。このタイプの墓《はか》（墳墓《ふんぼ》）は、日本独特《にほんどくとく》とされている。大山古墳《だいせんこふん》の北側《きたがわ》と南側《みなみがわ》にも古墳《こふん》があり、それらをふくめた3つの古墳群《こふんぐん》「百舌鳥耳原三陵《もずのみみはらさんりょう》」は、2019年《ねん》に世界遺産《せかいいさん》に指定《してい》された。

地上《ちじょう》からみた古墳《こふん》

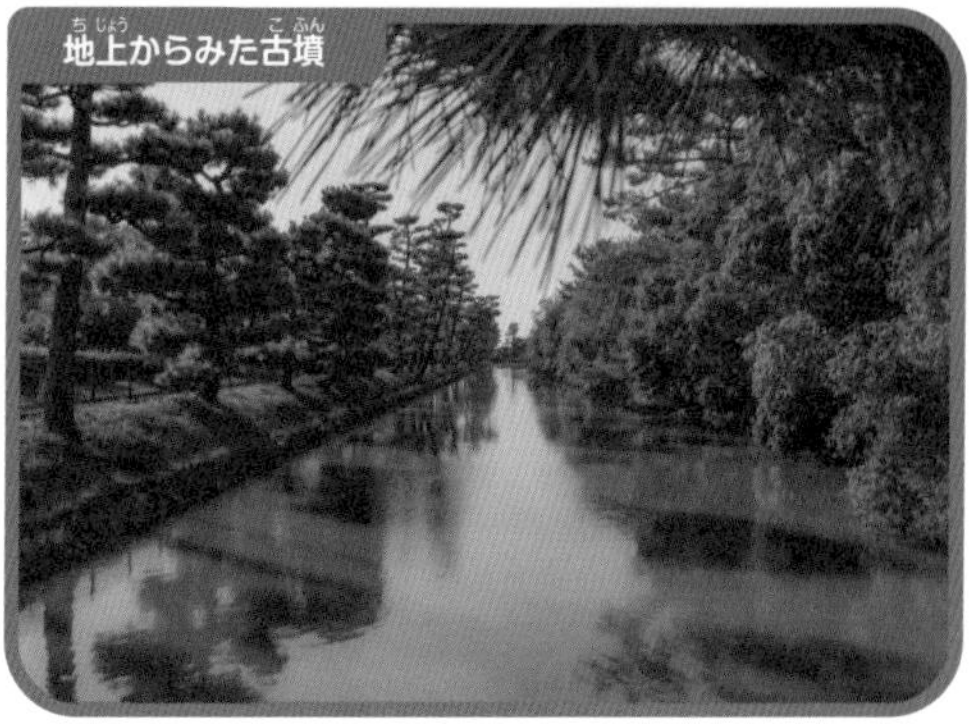

大山古墳《だいせんこふん》はとても大《おお》きいので、前方後円墳《ぜんぽうこうえんふん》の形《かたち》を地上《ちじょう》からみることはむずかしい。そのまわりには、三重《さんじゅう》の堀《ほり》がはりめぐらされている。堀《ほり》の近《ちか》くからは、女性《じょせい》や動物《どうぶつ》などの埴輪《はにわ》が発掘《はっくつ》されている。

もっと知《し》りたい

「倭国《わこく》」は、中国王朝《ちゅうごくおうちょう》の漢《かん》が日本《にほん》につけた国名《こくめい》。

07 しゃしんギャラリー 正倉院《しょうそういん》の宝物《たからもの》

日本《にほん》には、遣唐使《けんとうし》を通《つう》じて、中国《ちゅうごく》の唐《とう》から宝物《たからもの》や書《しょ》などが伝《つた》えられました。遣唐使《けんとうし》とは、唐《とう》の文化《ぶんか》を得《え》るために唐《とう》に送《おく》られた人《ひと》たちのことです。

宝物《たからもの》の中《なか》には、シルクロードを通《とお》って、インドやペルシアからとどいた物《もの》もあります。それらは、奈良《なら》の東大寺《とうだいじ》にある正倉院《しょうそういん》の中《なか》におさめられて、代々《だいだい》伝《つた》えられてきました。シルクロードは、日本《にほん》の文化《ぶんか》にも影響《えいきょう》をあたえたのです。

正倉院《しょうそういん》は、奈良《なら》の東大寺《とうだいじ》にある宝物庫《ほうぶつこ》。第《だい》45代《だい》の聖武天皇《しょうむてんのう》にかかわる品《しな》や、シルクロードを通《つう》じて伝《つた》わった中国《ちゅうごく》や西域《せいいき》、ペルシアの工芸品《こうげいひん》や美術品《びじゅつひん》など、約《やく》9000点《てん》がおさめられている。

螺鈿紫檀五絃琵琶《らでんしたんのごげんびわ》

8世紀《せいき》ごろにつくられたとみられる、五絃琵琶《ごげんびわ》。頭部《とうぶ》がまっすぐな五絃琵琶《ごげんびわ》は、インドで最初《さいしょ》につくられたとされている。この時代《じだい》の五弦琵琶《ごげんびわ》は、世界《せかい》でこれしか残《のこ》っていない。螺鈿《らでん》やべっ甲《こう》で飾《かざ》られていて、ラクダに乗《の》って琵琶《びわ》をひく人《ひと》の姿《すがた》がえがかれている。

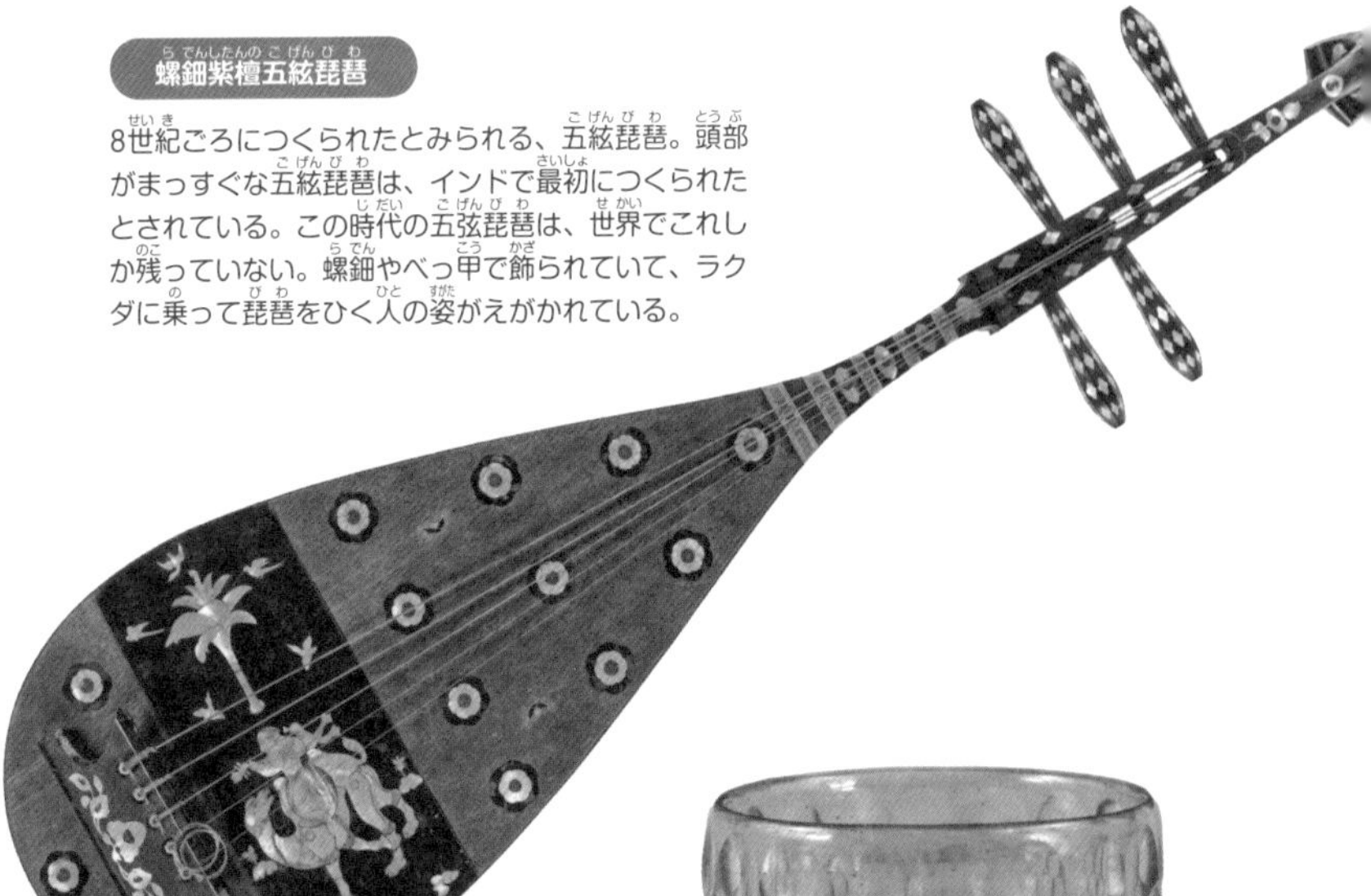

白瑠璃碗《はくるりのわん》

6世紀《せいき》ごろ、ササン朝《ちょう》ペルシアでつくられたとみられるカットグラス。

漆胡瓶《しっこへい》

7世紀《せいき》ごろ、ペルシアでつくられたとみられる水差《みずさ》し。「胡《こ》」とは、ペルシアをさす言葉《ことば》。鳥《とり》の頭《あたま》のような形《かたち》をしたふたは、ササン朝《ちょう》ペルシアからきた物《もの》であることを示《しめ》している。アジアの工芸技法《こうげいぎほう》である漆《うるし》がぬられている。

もっと知《し》りたい

文書《ぶんしょ》に残《のこ》る記録《きろく》から、奈良《なら》にはペルシア人《じん》が来《き》ていたこともわかっている。

08

北方民族《ほっぽうみんぞく》の強大《きょうだい》さを今《いま》に伝《つた》える万里《ばんり》の長城《ちょうじょう》

中国《ちゅうごく》の国々《くにぐに》は、北方《ほっぽう》から攻《せ》めてくる遊牧民《ゆうぼくみん》になやまされていました。その対策《たいさく》として、各国《かっこく》は壁《かべ》をつくります。秦《しん》の始皇帝《しこうてい》は、それらをつなぎあわせて「万里《ばんり》の長城《ちょうじょう》」をつくりました。

秦《しん》が滅《ほろ》んだあとも、万里《ばんり》の長城《ちょうじょう》を守《まも》ってきた中国王朝《ちゅうごくおうちょう》ですが、晋《しん》（西晋《せいしん》）は異民族《いみんぞく》の侵入《しんにゅう》をゆるしてしまい、滅《ほろ》ぼされます。その結果《けっか》やってきたのが、五胡十六国《ごこじゅうろっこく》と

万里《ばんり》の長城《ちょうじょう》

万里《ばんり》の長城《ちょうじょう》は、歴代《れきだい》の王朝《おうちょう》が補強《ほきょう》したり拡張《かくちょう》したりしている。明代《みんだい》の長城《ちょうじょう》の幅《はば》は約《やく》4～5メートル、高《たか》さは7～8メートル。途中《とちゅう》に、高《たか》さ10～13メートルほどの建物《たてもの》がある。

いう、異民族《いみんぞく》が国《くに》をとりあう時代《じだい》でした。

　北方民族《ほっぽうみんぞく》の中《なか》で最《もっと》も勢力《せいりょく》をのばしたのが、モンゴル高原《こうげん》を支配《しはい》していた騎馬遊牧民《きばゆうぼくみん》のモンゴル族《ぞく》です。彼《かれ》らが13世紀《せいき》に建《た》てた強大《きょうだい》なモンゴル帝国《ていこく》は、秦《しん》の始皇帝《しこうてい》の時《じ》代《だい》よりも強《つよ》く長《なが》くなっていた、万《ばん》里《り》の長城《ちょうじょう》をこえて攻《せ》め入《い》りました。

　モンゴル帝国《ていこく》が滅《ほろ》んだあとも、万里《ばんり》の長城《ちょうじょう》は北方民族《ほっぽうみんぞく》の侵入《しんにゅう》に備《そな》えて補強《ほきょう》されました。今《いま》みられる万里《ばんり》の長城《ちょうじょう》は、15世紀《せいき》の明王朝《みんおうちょう》の時代《じだい》に整備《せいび》されたものです。

メモ

モンゴル帝国《ていこく》は、中国《ちゅうごく》だけでなく西《にし》アジアのイスラム世界《せかい》まで支配《しはい》した。中《ちゅう》国《ごく》地域《ちいき》をおさめていたのが元《げん》だ。元《げん》は日本《にほん》にも攻《せ》めこんで「元寇《げんこう》」といわれた。

もっと知《し》りたい

万里《ばんり》の長城《ちょうじょう》の長《なが》さは、ぜんぶで8900キロメートルといわれている。

09

仏教《ぶっきょう》とはちがう流《なが》れをくむ チベット仏教《ぶっきょう》の聖都《せいと》

7世紀《せいき》に、チベットにも仏教《ぶっきょう》が伝《つた》わります。すると、チベットの人々《ひとびと》に信《しん》仰《こう》されていたボン教《きょう》とまざって、「チベット仏教《ぶっきょう》」という独自《どくじ》の宗教《しゅうきょう》が生《う》まれました。

唐王朝《とうおうちょう》の時代《じだい》、チベットは吐蕃《とばん》とよばれていました。吐蕃《とばん》の王《おう》と結婚《けっこん》した唐《とう》の皇帝《こうてい》の娘《むすめ》が仏教《ぶっきょう》を信《しん》仰《こう》していたことで、首都《しゅと》ラサには寺院《じいん》が建《た》てられます。

吐蕃《とばん》は842年《ねん》に滅《ほろ》びますが、

ポタラ宮殿《きゅうでん》

チベット自治区のラサにあるポタラ宮殿《きゅうでん》。約《やく》1000部屋《へや》をもつ13階建《かいだ》ての宮殿《きゅうでん》だ。上《うえ》の写真《しゃしん》は、チベット仏教《ぶっきょう》でつかわれる仏具《ぶつぐ》「マニ車《くるま》(転経器《てんきょうき》)」(上《うえ》)。手《て》でまわすと、お経《きょう》をとなえたことになる。チベット仏教《ぶっきょう》の経典《きょうてん》は、サンスクリット語《ご》をチベット語《ご》に訳《やく》したもの（下《した》）。

チベット仏教《ぶっきょう》はモンゴル族《ぞく》やチベット族《ぞく》に広《ひろ》まり、信仰《しんこう》を集《あつ》めていきます。17世紀《せいき》になると、首都《しゅと》ラサの宮殿《きゅうでん》を改修《かいしゅう》したポタラ宮殿《きゅうでん》が建《た》てられ、教主《きょうしゅ》ダライ・ラマの居《きょ》城《じょう》となりました。

もっと知《し》りたい

教主《きょうしゅ》（ラマ）が亡《な》くなると、その生《う》まれかわりを探《さが》して次《つぎ》のダライ・ラマが選《えら》ばれる。

やすみじかん

『西遊記《さいゆうき》』ってなに？

映画《えいが》やドラマにもなった『西遊記《さいゆうき》』という物語《ものがたり》があります。三蔵法師《さんぞうほうし》（玄奘三蔵《げんじょうさんぞう》）という中国《ちゅうごく》のお坊《ぼう》さんが、孫悟空《そんごくう》などのお供《とも》をつれ、仏教《ぶっきょう》の経典《きょうてん》を探《さが》しに天竺《てんじく》（インド）へ冒《ぼう》険《けん》の旅《たび》に出《で》るという話《はなし》です。『西遊記《さいゆうき》』では、経典《きょうてん》を持《も》ち帰《かえ》るところまでをえがきますが、玄奘三蔵《げんじょうさんぞう》の仕事《しごと》は、持《も》ち帰《かえ》った経典《きょうてん》を訳《やく》すことでした。

玄奘三蔵《げんじょうさんぞう》の像《ぞう》と、経典《きょうてん》などをおさめるための大慈恩寺《だいじおんじ》の大雁塔《だいがんとう》（中国陝西省《ちゅうごくせんせいしょう》）。

6
じかんめ

南《みなみ》アジアの古《こ》代《だい》遺《い》跡《せき》

インダス文明《ぶんめい》が生《う》まれた南《みなみ》アジアは、ブッダが生《う》まれたところです。ブッダが開《ひら》いた仏教《ぶっきょう》は、日本《にほん》にも大《おお》きな影響《えいきょう》をあたえました。南《みなみ》アジアは、仏教《ぶっきょう》だけでなく、多《おお》くの宗教《しゅうきょう》が信《しん》仰《こう》された場所《ばしょ》でもあります。そんな南《みなみ》アジアの遺跡《いせき》をみていきましょう。

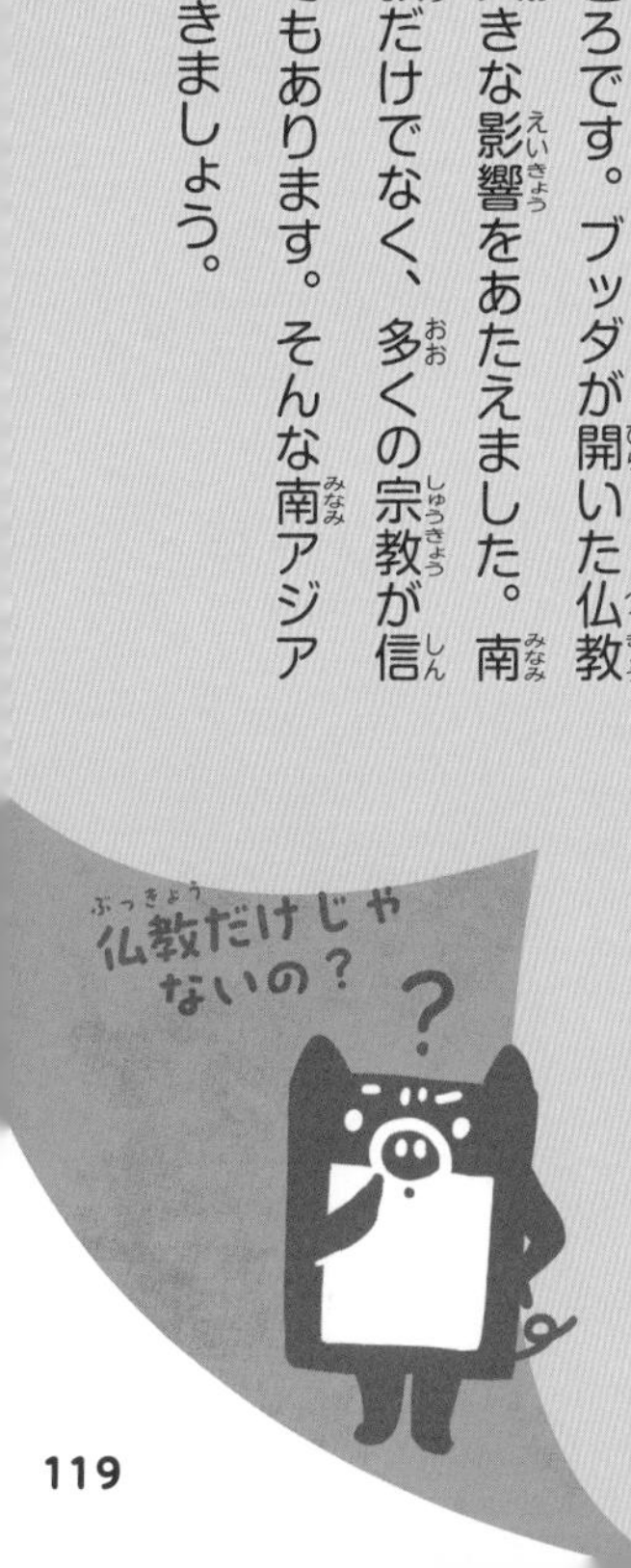

01 インダス川《がわ》の流域《りゅういき》で栄《さか》えた「インダス文明《ぶんめい》」

南《みなみ》アジアは、アジア大陸《たいりく》のヒマラヤ山脈《さんみゃく》より南側《みなみがわ》、インド半島《はんとう》を中心《ちゅうしん》とする地域《ちいき》。この地域《ちいき》の宗教《しゅうきょう》は多様《たよう》で、たとえばインドは80パーセントがヒンドゥー教《きょう》、パキスタンはほぼイスラム教《きょう》、スリランカは70パーセントが仏教《ぶっきょう》。うしろの写真《しゃしん》は、インドのガンジス川《がわ》。

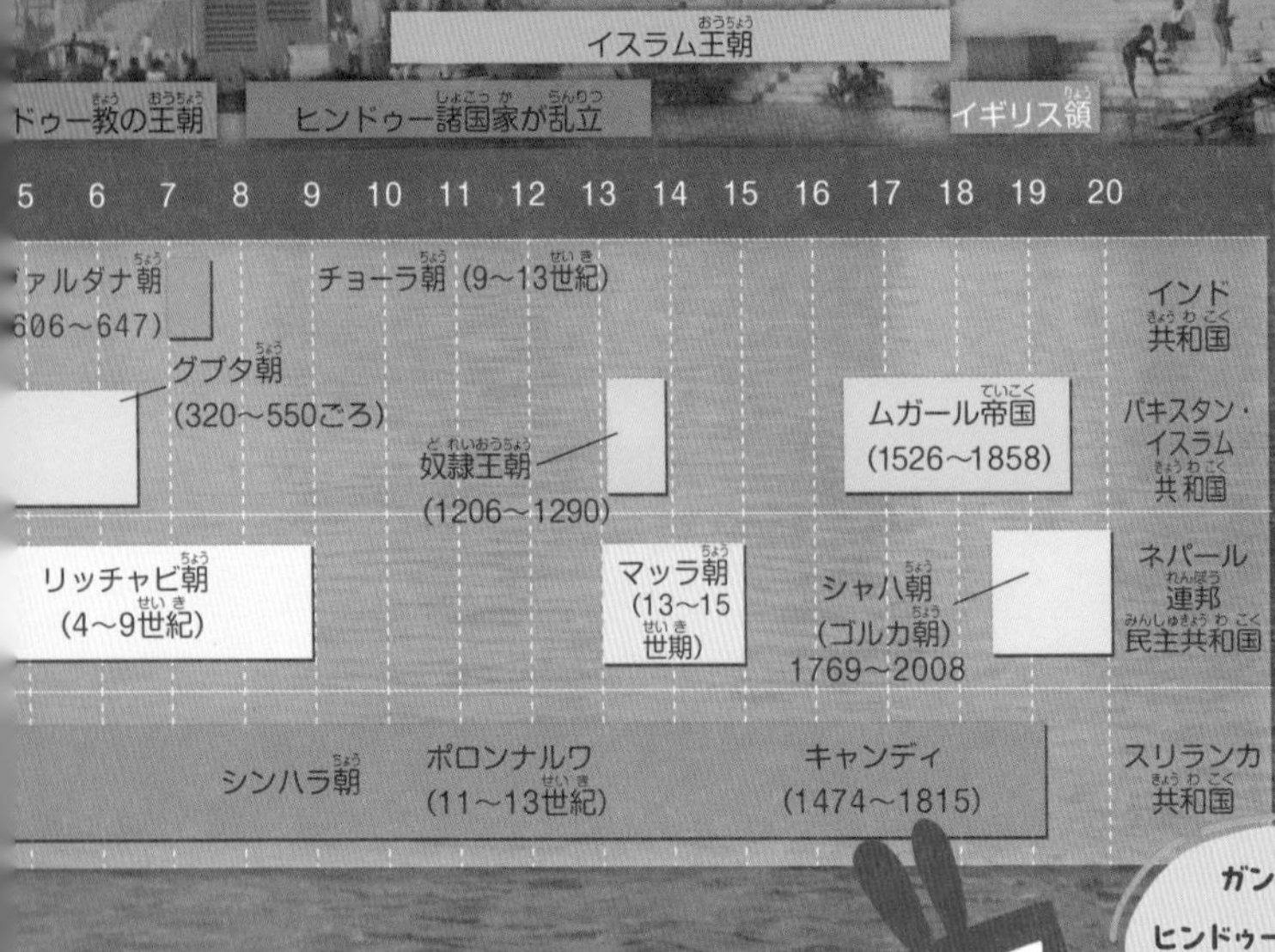

古代《こだい》文明《ぶんめい》の一《ひと》つ「インダス文《ぶん》明《めい》」は、紀元前《きげんぜん》2600年《ねん》ごろから、現在《げんざい》のパキスタンやインドを流《なが》れるインダス川《がわ》付近《ふきん》で栄《さか》えた文《ぶん》明《めい》です。その後《ご》、西《にし》からアーリヤ人《じん》がやってきて、ガンジス川《がわ》周辺《しゅうへん》でも人《ひと》が生活《せいかつ》をはじめます。紀元前《きげんぜん》5世紀《せいき》ごろ、インド北部《ほくぶ》でブッダが誕生《たんじょう》して仏教《ぶっきょう》が生《う》まれました。

10世紀《せいき》ごろには、中央《ちゅうおう》アジアのイスラム勢力《せいりょく》がインドに侵入《しんにゅう》したことで、13世紀《せいき》にイスラム王朝《おうちょう》が誕生《たんじょう》します。

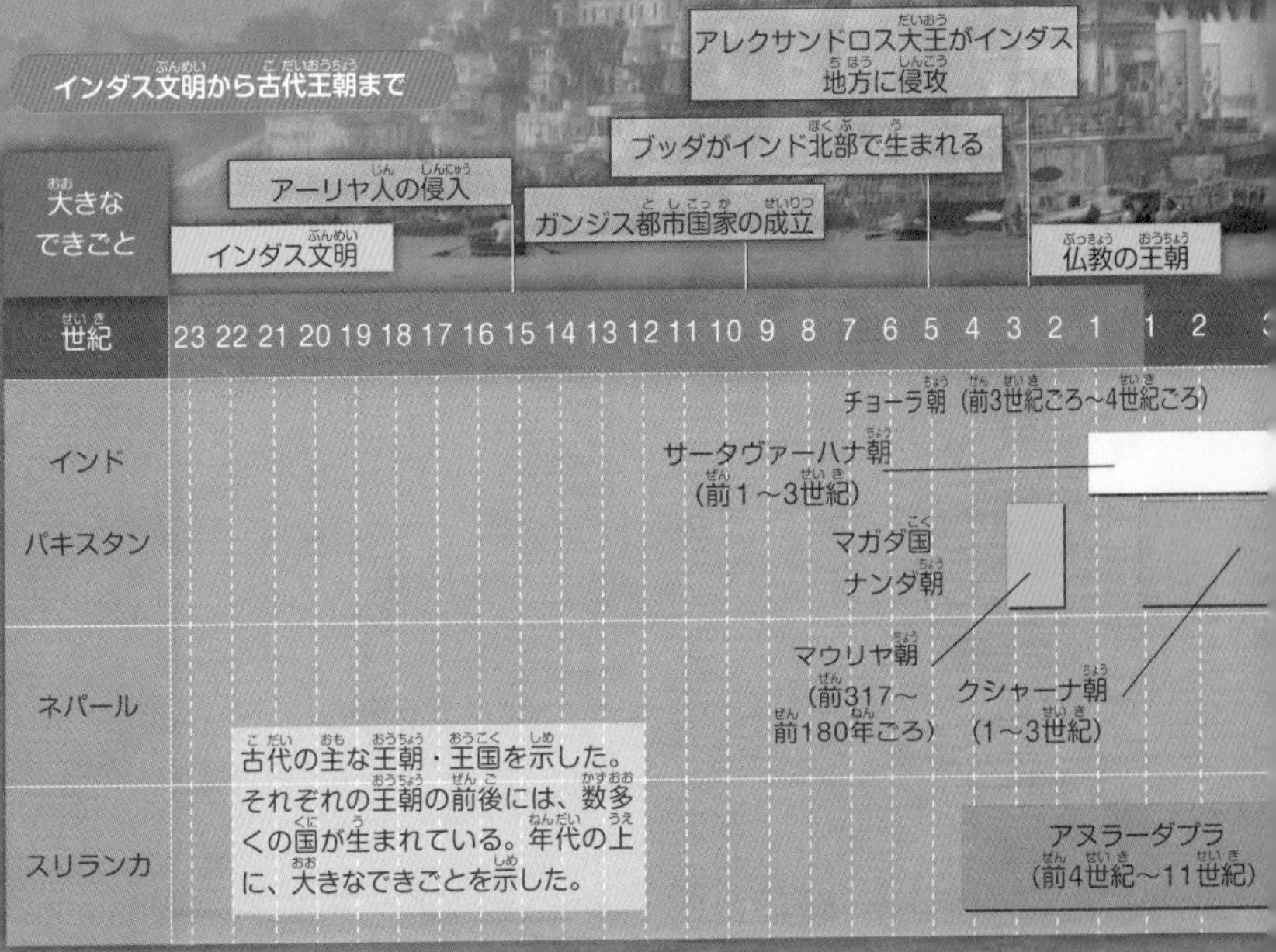

もっと知《し》りたい

古代《こだい》インドで信仰《しんこう》されていたバラモン教《きょう》をもとにして、ヒンドゥー教《きょう》が生《う》まれた。

02

しゃしんギャラリー
モヘンジョダロ

パキスタン南部《なんぶ》のインダス川《がわ》下流《かりゅう》にある「モヘンジョダロ」は、インダス文明《ぶんめい》を伝《つた》えるものとしては最《もっと》も古《ふる》く、最《もっと》も大《おお》きい都市遺跡《としいせき》です。

インダス川《がわ》の水源《すいげん》はチベットにあります。チベットから運《はこ》ばれた栄養《えいよう》で、インダス川《がわ》下流域《かりゅういき》は作物《さくもつ》がよく育《そだ》つ土地《とち》になりました。これで農耕《のうこう》が盛《さか》んになり、文明《ぶんめい》の発展《はってん》を後押《あとお》ししたのです。

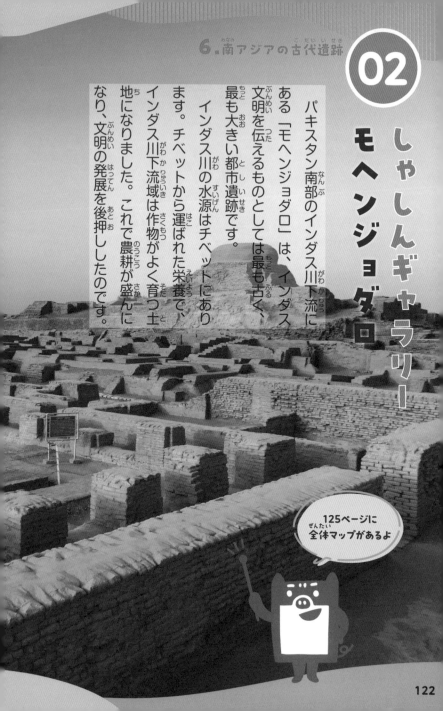

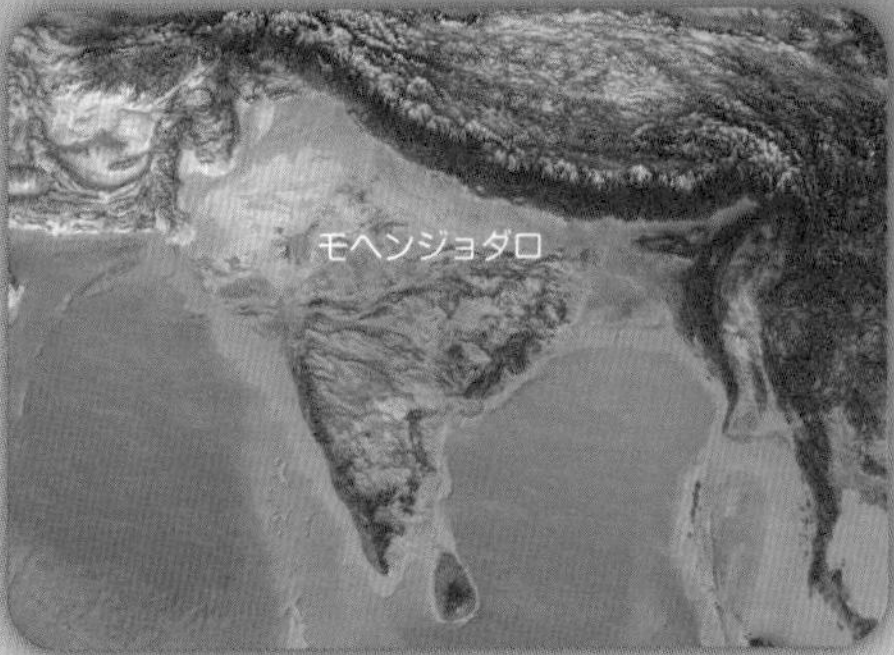

碁盤《ごばん》の目《め》のような古代都市《こだいとし》

モヘンジョダロは、約《やく》1.6キロメートル四方《しほう》の遺跡《いせき》で、城《しろ》の部分《ぶぶん》と町《まち》の部分《ぶぶん》からなる。町《まち》の南北《なんぼく》に走《はし》るいくつもの道路《どうろ》が碁盤《ごばん》の目《め》のようになっている。写真《しゃしん》は城《しろ》の部分《ぶぶん》。

もっと知《し》りたい

排水溝《はいすいこう》やゴミ捨《す》て場《ば》など、町《まち》が衛生的《えいせいてき》だったことを示《しめ》すものがみつかっている。

03

モヘンジョダロは戦争《せんそう》のない平和《へいわ》な都市《とし》だった？

モヘンジョダロが最《もっと》も栄《さか》えたころの人口《じんこう》は、４万人《まんにん》ほどだったとかんがえられています。

遺跡《いせき》からは、絵文字《えもじ》（インダス文字《もじ》）がきざまれた〝ハンコ〟のようなものもみつかっていますが、まだ解読《かいどく》されていません。

左《ひだり》ページのイラストは、当時《とうじ》のようすを想像《そうぞう》してえがいたものです。遺跡《いせき》からは武器《ぶき》など、戦争《せんそう》に関係《かんけい》するものは発掘《はっくつ》されていないので、モヘンジョダロは平和《へいわ》な交易都市《こうえきとし》だったという説《せつ》が有力《ゆうりょく》です。ひょっとすると、インダス川《がわ》やペルシア湾《わん》をつかって、メソポタミアの都市国家《としこっか》やバビロンなどと交《こう》易《えき》していたのかもしれません。

メモ

モヘンジョダロから約《やく》600キロメートルはなれたインダス川中流域《がわちゅうりゅういき》にも、「ハラッパー」とよばれるインダス文明《ぶんめい》の都《と》市遺跡《しいせき》がある。この遺跡《いせき》からも、浴室《よくしつ》や排水溝《はいすいこう》がみつかっていて、衛生的《えいせいてき》な都市《とし》だったことがうかがえる。

上《うえ》は遺跡《いせき》から発掘《はっくつ》されたものをもとにえがいた想像図《そうぞうず》、右《みぎ》は全体《ぜんたい》マップだ。人々《ひとびと》は豊《ゆた》かな生活《せいかつ》を送《おく》っていたとみられるが、これほどの都市《とし》がなぜすたれてしまったのか、原因《げんいん》はわかっていない。

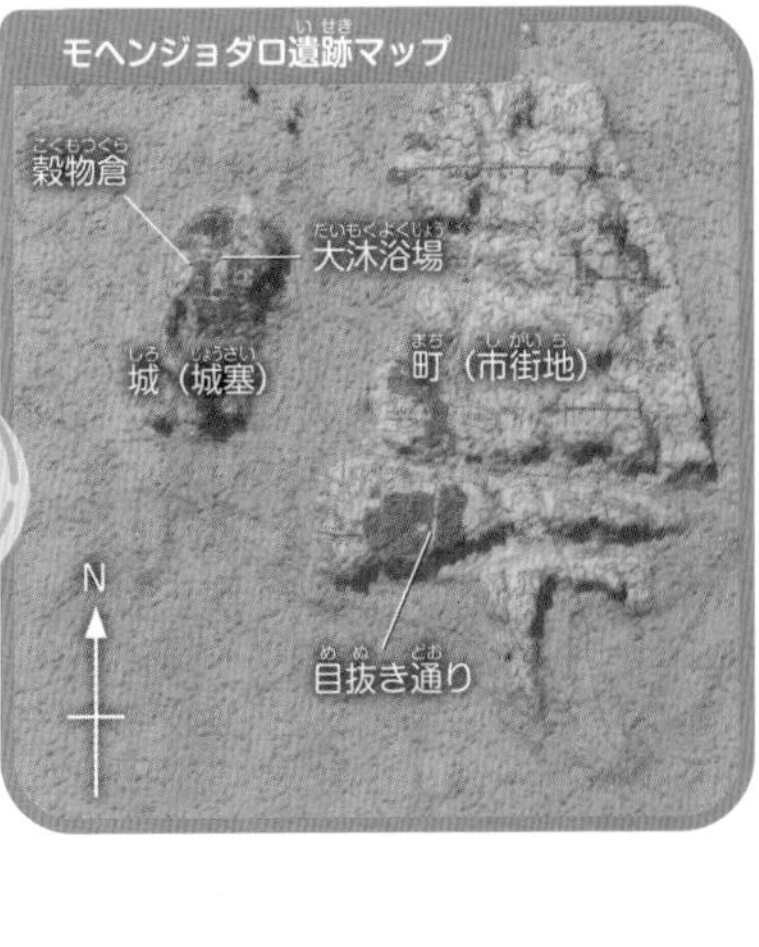

もっと知《し》りたい

モヘンジョダロは水害《すいがい》で滅《ほろ》びたとする説《せつ》もあるが、まだわかっていない。

04 王《おう》のなげきを今《いま》に伝《つた》える サーンチーのストゥーパ

インドでは、紀元前《きげんぜん》6世紀《せいき》まで多《おお》くの国《くに》が争《あらそ》っていました。その一《ひと》つ、マガダ国《こく》で紀元前《きげんぜん》4世紀《せいき》ごろに生《う》まれたナンダ朝《ちょう》は、またたく間《ま》にインドを支《し》配《はい》していきます。

ところが、マケドニアのアレクサンドロス大王《だいおう》（68ページ）がインド西部《せいぶ》まで支配《しはい》を広《ひろ》げると、一帯《いったい》は大混乱《だいこんらん》となります。このときにインドを統一《とういつ》したのが、マウリヤ朝《ちょう》でした。

マウリヤ朝《ちょう》の3代目《だいめ》の王《おう》であるアショーカ王《おう》は、戦争《せんそう》で多《おお》くの人《ひと》を死《し》なせてしまったことをなげき、仏教徒《ぶっきょうと》になります。王《おう》は、各地《かくち》にストゥーパ（仏《ぶっ》塔《とう》）を建《た》てました。サーンチーのストゥーパはインド最古《さいこ》の仏教遺跡《ぶっきょういせき》です。

メモ

ストゥーパ（仏塔《ぶっとう》）とは、仏《ぶっ》教《きょう》を開《ひら》いたブッダ（136ページ）の遺骨《いこつ》や髪《かみ》などをおさめた建造物《けんぞうぶつ》のこと。ブッダが亡《な》くなったあと、その遺骨《いこつ》（仏《ぶっ》舎利《しゃり》）は8つにわけておさめられた。アショーカ王《おう》は、それらをさらにわけて、8万《まん》以《い》上《じょう》のストゥーパを建《た》てた。

サーンチーのストゥーパ

インド中部《ちゅうぶ》にあるサーンチーで、紀元前《きげんぜん》2世紀《せいき》ごろにアショーカ王《おう》により建《た》てられたストゥーパ。写真《しゃしん》は大《だい》ストゥーパの第《だい》1塔《とう》（第《だい》3塔《とう》まである）。「トラナ」とよばれる門《もん》もみえる。トラナは、ストゥーパのまわりの東西南北《とうざいなんぼく》の位置《いち》に4つ建《た》てられている。

タキシラ遺跡《いせき》の巨大《きょだい》ストゥーパ

パキスタン北部《ほくぶ》のガンダーラ地方《ちほう》にあるタキシラ遺跡《いせき》には、アショーカが建《た》てた巨大《きょだい》なストゥーパがある。その高《たか》さは約《やく》28メートル、直径《ちょっけい》は約《やく》39メートルある。

もっと知《し》りたい

ガンダーラでは、ギリシャ彫刻《ちょうこく》の影響《えいきょう》を受《う》けて、仏像《ぶつぞう》がつくられた。

05 3つの宗教寺院《しゅうきょうじいん》がよりそう エローラ石窟《せっくつ》

インドのデカン高原《こうげん》には、下《した》のイラストのように、仏教《ぶっきょう》とヒンドゥー教《きょう》とジャイナ教《きょう》の3つの宗教寺院《しゅうきょうじいん》（石窟《せっくつ》）がよりそう場所《ばしょ》があります。

それぞれの建築《けんちく》は、各宗教《かくしゅうきょう》が民衆《みんしゅう》の信仰《しんこう》を集《あつ》めた時期《じき》につくられました。仏教《ぶっきょう》がさかんになった5世紀《せいき》には仏教《ぶっきょう》の石窟《せっくつ》、仏教《ぶっきょう》が支持《しじ》を失《うしな》っていく7～8世紀《せいき》にはヒンドゥー教《きょう》の石窟《せっくつ》がつくられます。9～12世紀《せいき》には、ジャイナ教《きょう》の石窟《せっくつ》がつくられていくのです。

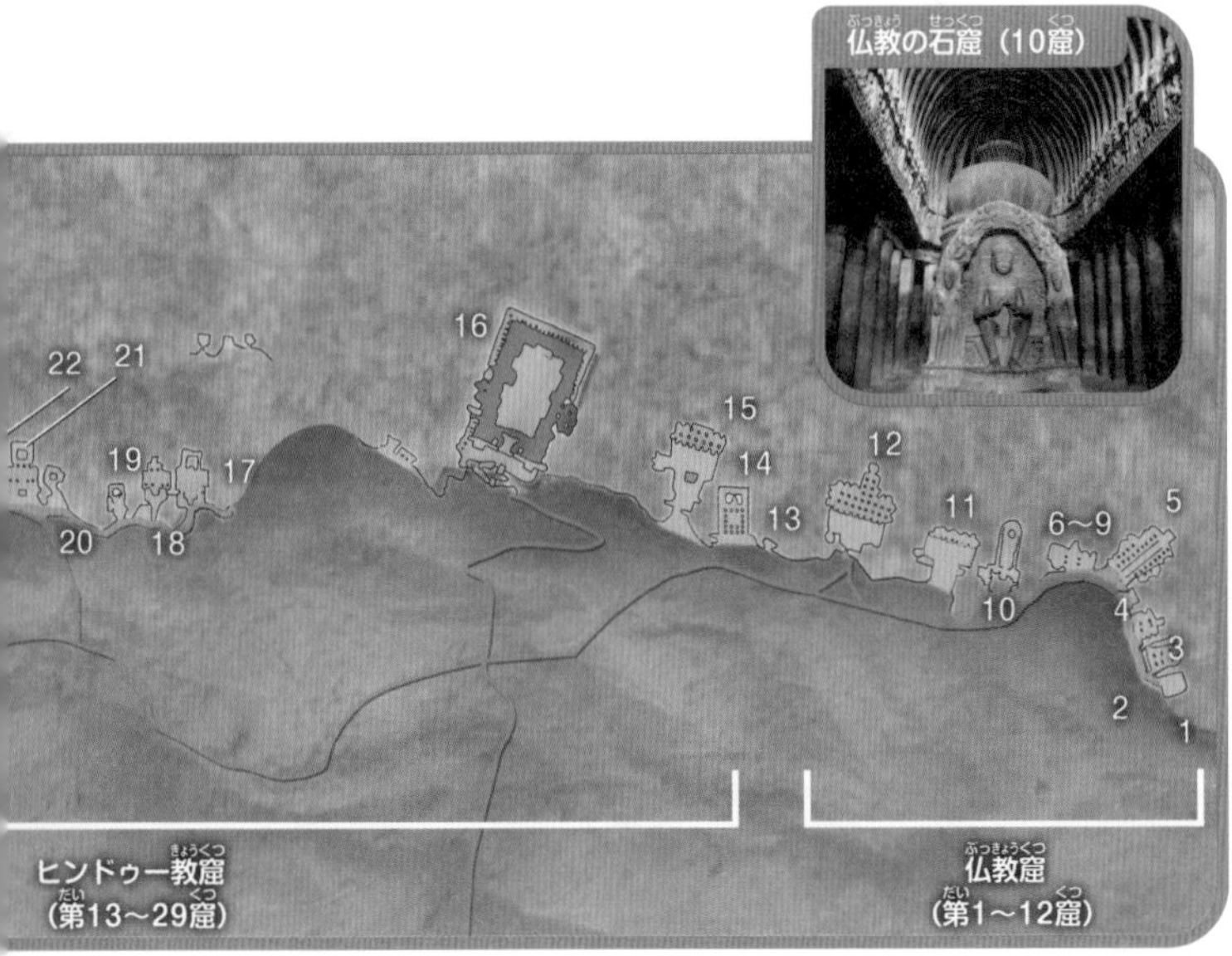

ヒンドゥー教《きょう》の石窟《せっくつ》（16窟《くつ》）

ヒンドゥー教石窟《きょうせっくつ》で最大《さいだい》のカイラーサナータ寺院《じいん》。奥行《おくゆき》100メートルにわたって、岩山《いわやま》を下《した》にほり下《さ》げることでつくられた。

エローラ石窟《せっくつ》の全体図《ぜんたいず》

インドの宗教《しゅうきょう》がうつりかわるようすを示《しめ》すように、右《みぎ》から左《ひだり》に各《かく》宗教《しゅうきょう》の石窟《せっくつ》がある。それぞれの石窟《せっくつ》には番号《ばんごう》がつけられている。

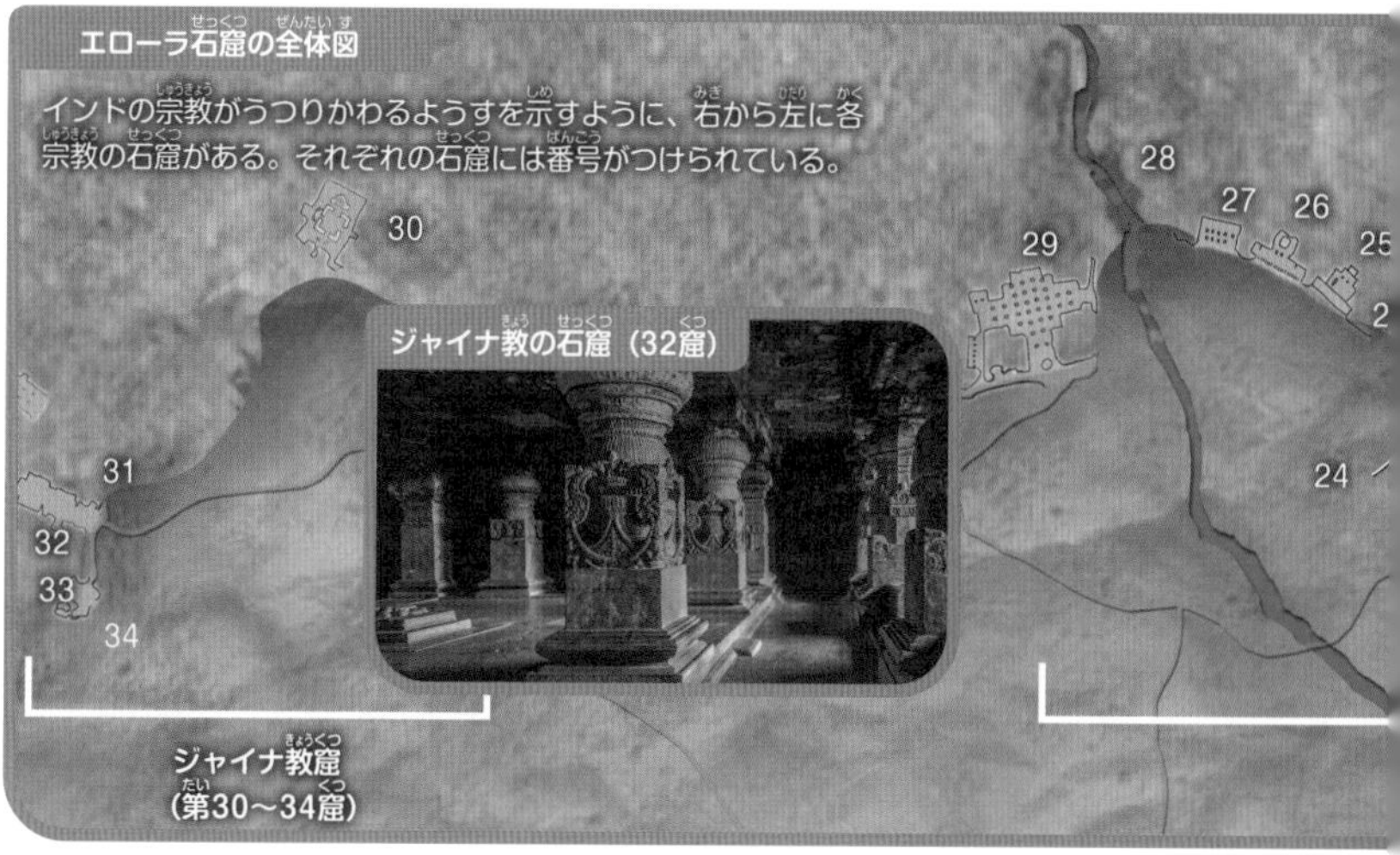

ジャイナ教《きょう》の石窟《せっくつ》（32窟《くつ》）

もっと知《し》りたい

エローラ石窟《せっくつ》の寺院《じいん》は、すべて岩山《いわやま》をほりぬくことでつくられている。

06

スリランカの地《ち》で栄《さか》えた仏教《ぶっきょう》の国《くに》 シンハラ王国《おうこく》の涅槃像《ねはんぞう》

紀元前《きげんぜん》3世紀《せいき》ごろ、インドのアショーカ王《おう》が仏教《ぶっきょう》を広《ひろ》めていたとき、今《いま》のスリランカにあったシンハラ王国《おうこく》は、これを受《う》け入《い》れました。

シンハラ王国《おうこく》は、11世紀《せいき》に南《みなみ》インドのチョーラ朝《ちょう》に攻《せ》められ、首都《しゅと》をアヌラーダプラからポロンナルワにうつします。シンハラ朝《ちょう》はその後《ご》、キャンディ王国《おうこく》となりますが、その首都《しゅと》キャンディとポロンナルワ、アヌラーダプラをむすぶ三角形《さんかっけい》の内側《うちがわ》は遺跡《いせき》が多《おお》いので「文化《ぶんか》の三角地帯《さんかくちたい》」とよばれています。中《なか》でも、ポロンナルワ遺跡《いせき》の「ガル・ヴィハーラの涅槃像《ねはんぞう》」は、1枚《まい》の岩《いわ》をほりぬいてつくられたもので、傑《けっ》作《さく》とされています。

メモ

ポロンナルワは、13世紀《せいき》に王朝《おうちょう》が滅《ほろ》ぶと、19世紀《せいき》に発《はっ》見《けん》されるまでジャングルに埋《う》もれていた。キャンディ王国《おうこく》は、1474年《ねん》にできたシンハラ王国最後《おうこくさいご》の王朝《おうちょう》で、1815年《ねん》にイギリス軍《ぐん》に負《ま》けて植民《しょくみん》地《ち》となった。

“岩《いわ》の寺院《じいん》”の巨大《きょだい》な涅槃像《ねはんぞう》

ガル・ヴィハーラの涅槃像《ねはんぞう》は、全長約《ぜんちょうやく》13メートル。ガル・ヴィハーラとは「岩《いわ》の寺院《じいん》」という意味《いみ》。シンハラ王国《おうこく》は上座部仏教《じょうざぶぶっきょう》（145ページ）の中心地《ちゅうしんち》になり、ガル・ヴィハーラなど、多《おお》くの仏教建築《ぶっきょうけんちく》がつくられた。

ワタダーゲ

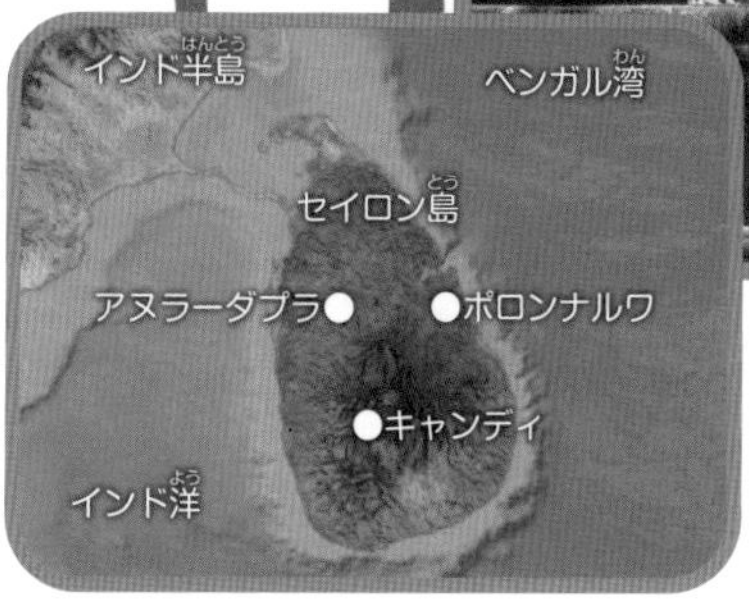

ポロンナルワ遺跡《いせき》の一《ひと》つ「ワタダーゲ」。ブッダの歯《は》をおさめた寺《てら》のあととされている。まわりに二重《にじゅう》の段《だん》があるこのような建物《たてもの》は、他《ほか》の国《くに》にはない独特《どくとく》のもののようだ。

もっと知《し》りたい

涅槃像《ねはんぞう》とは、釈迦《しゃか》（ブッダ）が亡《な》くなるようすを仏像《ぶつぞう》としてあらわしたもの。

07 最先端《さいせんたん》の貯水灌漑設備《ちょすいかんがいせつび》があった ポロンナルワ遺跡《いせき》

シンハラ王国《おうこく》は、ポロンナルワに首《しゅ》都《と》をうつすと、外国《がいこく》との交易《こうえき》と農業《のうぎょう》で栄《さか》えます。ただし、この土地《とち》は1年《ねん》の雨量《うりょう》が少《すく》ないので、稲作《いなさく》をおこなうには、雨《あめ》をためておく貯水池《ちょすいち》と、そこから水田《すいでん》に水《みず》を引《ひ》くための「灌漑設備《かんがいせつび》」が必要《ひつよう》でした。

そこで歴代《れきだい》の王《おう》は、灌漑設備《かんがいせつび》の建設《けんせつ》に力《ちから》を入《い》れます。パラークラマバーフ1世《せい》は、当時《とうじ》、最先端《さいせんたん》の貯水灌漑設備《ちょすいかんがいせつび》をつくり、国《くに》を発展《はってん》させたのです。

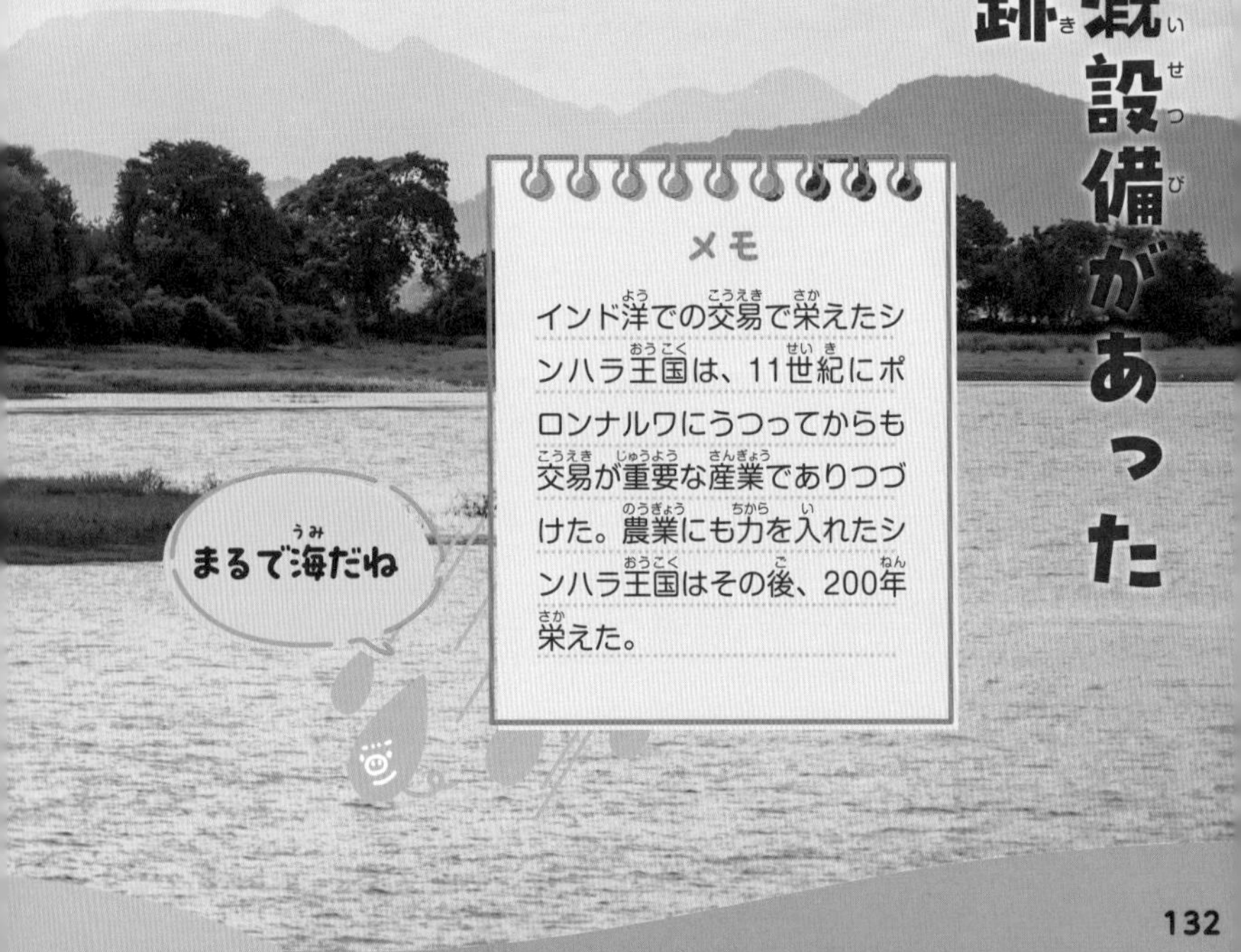

メモ

インド洋《よう》での交易《こうえき》で栄《さか》えたシンハラ王国《おうこく》は、11世紀《せいき》にポロンナルワにうつってからも交易《こうえき》が重要《じゅうよう》な産業《さんぎょう》でありつづけた。農業《のうぎょう》にも力《ちから》を入《い》れたシンハラ王国《おうこく》はその後《ご》、200年《ねん》栄《さか》えた。

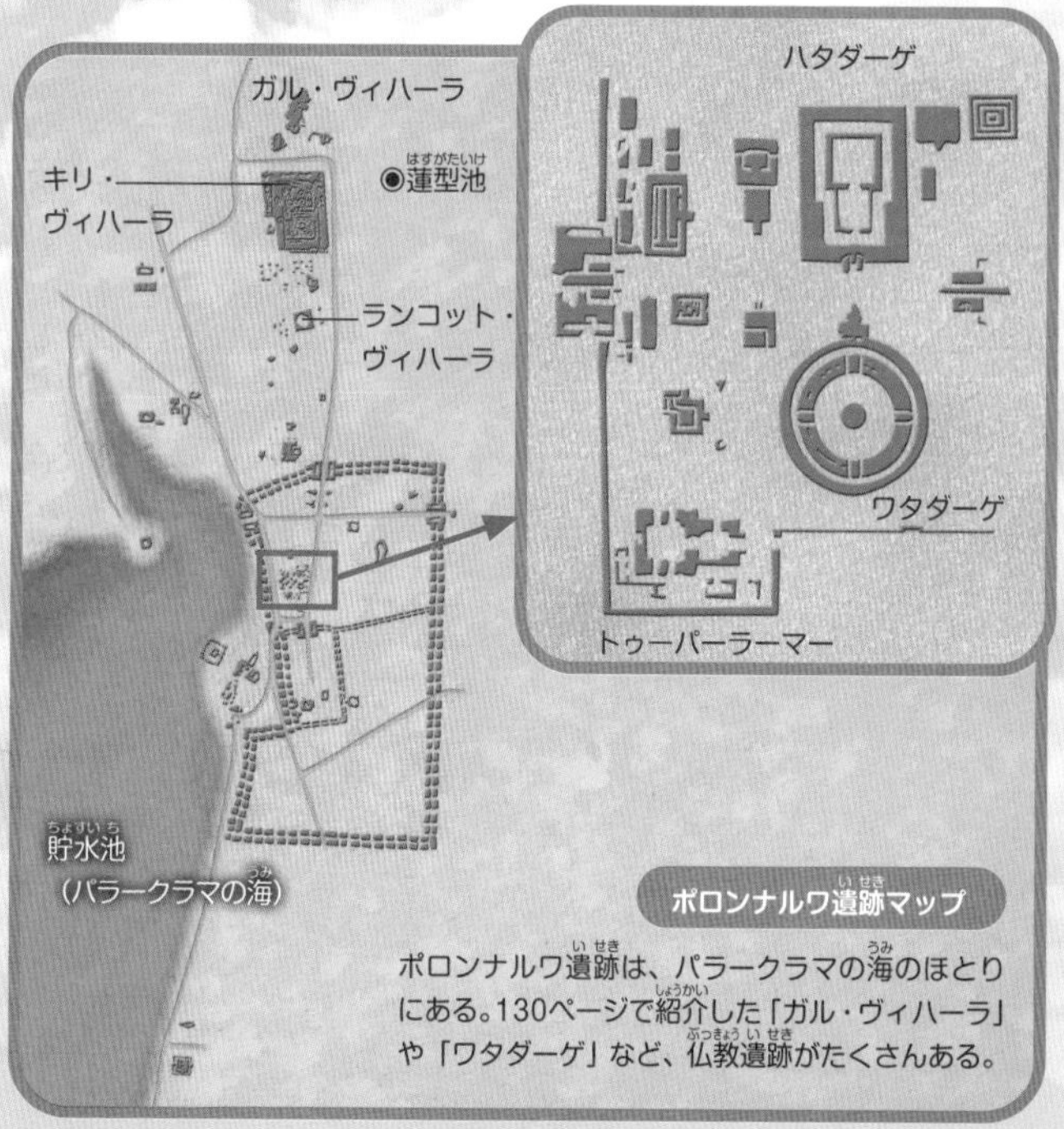

ポロンナルワ遺跡《いせき》マップ

ポロンナルワ遺跡《いせき》は、パラークラマの海《うみ》のほとりにある。130ページで紹介《しょうかい》した「ガル・ヴィハーラ」や「ワタダーゲ」など、仏教《ぶっきょう》遺跡《いせき》がたくさんある。

パラークラマの海《うみ》

王《おう》の名《な》がつけられた貯水池《ちょすいち》「パラークラマ・サムドゥラ(パラークラマの海《うみ》)」。長《なが》さ約《やく》21キロメートルの土手《どて》をつくって水《みず》がためられている。

もっと知《し》りたい

パラークラマバーフ1世《せい》は、約《やく》4000の水路《すいろ》と大小《だいしょう》3000の貯水池《ちょすいち》を建設《けんせつ》した。

08 しゃしんギャラリー タージマハル

インドは13世紀《せいき》に、イスラム王朝《おうちょう》にほぼ統一《とういつ》されました。その中《なか》でも最大《さいだい》・最強《さいきょう》だったのが、16世紀《せいき》に誕《たん》生《じょう》した「ムガル帝国《ていこく》」です。

　タージマハルは、ムガル帝国《ていこく》の第《だい》5代《だい》皇帝《こうてい》シャー・ジャハーンが、王《おう》妃《ひ》の死《し》を悲《かな》しんで建《た》てたお墓《はか》（墓廟《ぼびょう》）です。その姿《すがた》は、ムガル帝国《ていこく》の栄光《えいこう》を今《いま》に伝《つた》えています。

タージマハル

王妃《おうひ》ムムターズ・マハルの墓《はか》（墓廟《ぼびょう》）は、南北《なんぼく》560メートル、東西《とうざい》300メートルの広大《こうだい》な敷地《しきち》に建《た》つ、高《たか》さ約《やく》25メートルの建造物《けんぞうぶつ》。莫大《ばくだい》な費用《ひよう》と20年以上《ねんいじょう》の年月《ねんげつ》をかけてつくられた。その表面《ひょうめん》は一面《いちめん》、白《しろ》い大理石《だいりせき》でおおわれている

ムガルとは、
“モンゴルの”
という意味《いみ》だよ

もっと知《し》りたい

ムガル帝国《ていこく》は、第《だい》6代皇帝《だいこうてい》のときにおきたヒンドゥー教徒《きょうと》の反乱《はんらん》で弱《よわ》っていった。

やすみじかん

ブッダってどんな人《ひと》？

仏教《ぶっきょう》を開《ひら》いたブッダは、名前《なまえ》をゴータマ・シッタルーダといいます。修行《しゅぎょう》によって悟《さと》りを開《ひら》いたので「ブッダ（仏陀《ぶった》）」（悟《さと》りを得《え》た者《もの》）とよばれました。ブッダがいたころ、インドには「ヴァルナ」（身分制度《みぶんせいど》）による差別《さべつ》がありました。それをいけないこととしたブッダの教《おし》えは人々《ひとびと》に支持《しじ》され、今《いま》も仏教《ぶっきょう》として生《い》きつづけているのです。

ブッダは、紀元前《きげんぜん》6～前《ぜん》5世紀《せいき》ごろに、古代《こだい》インドのシャーキ（釈迦《しゃか》）族《ぞく》の王子《おうじ》として生《う》まれ、29歳《さい》で出家《しゅっけ》して35歳《さい》で悟《さと》りをひらいた。「悟《さと》りをひらく」とは、絶対《ぜったい》に正《ただ》しいと迷《まよ》わずいえるものを探《さが》しあてること。左《ひだり》は、修行中《しゅぎょうちゅう》に断食《だんじき》をするブッダの像《ぞう》。

7
じかんめ

東南《とうなん》アジアとオセアニアの古代遺跡《こだいいせき》

古代遺跡《こだいいせき》をめぐっていると、巨大《きょだい》な石《いし》の建造《けんぞう》物《ぶつ》によく出会《であ》います。アンコールトムの巨大《きょだい》な「顔《かお》」や、イースター島《とう》のモアイ像《ぞう》など、なぜ人類《じんるい》は巨石建造物《きょせきけんぞうぶつ》をつくるのでしょう？

そんなことをかんがえながら、東南《とうなん》アジアとオセアニアの主《おも》な遺跡《いせき》をみていきましょう。

01 中国《ちゅうごく》とインドの間《あいだ》で栄《さか》えた東南《とうなん》アジアとなぞ多《おお》きオセアニア

東南《とうなん》アジアで最初《さいしょ》の国《くに》が生《う》まれたのは、1世紀《せいき》終《お》わりごろのカンボジアでした。メコン川《がわ》の恵《めぐ》みを受《う》けた土地《とち》で「扶南国《ふなんこく》」が生《う》まれたのです。その後《ご》も東南《とうなん》アジアは、海上交易《かいじょうこうえき》をおこなうインドと中国《ちゅうごく》の途中《とちゅう》にあったことで栄《さか》えていきます。インドからは、仏教《ぶっきょう》やヒンドゥー教《きょう》が伝《つた》わりました。

オセアニアでは文字《もじ》がみつかっておらず、ヨーロッパの国々《くにぐに》が発見《はっけん》するまでの歴史《れきし》はなぞにつつまれています。

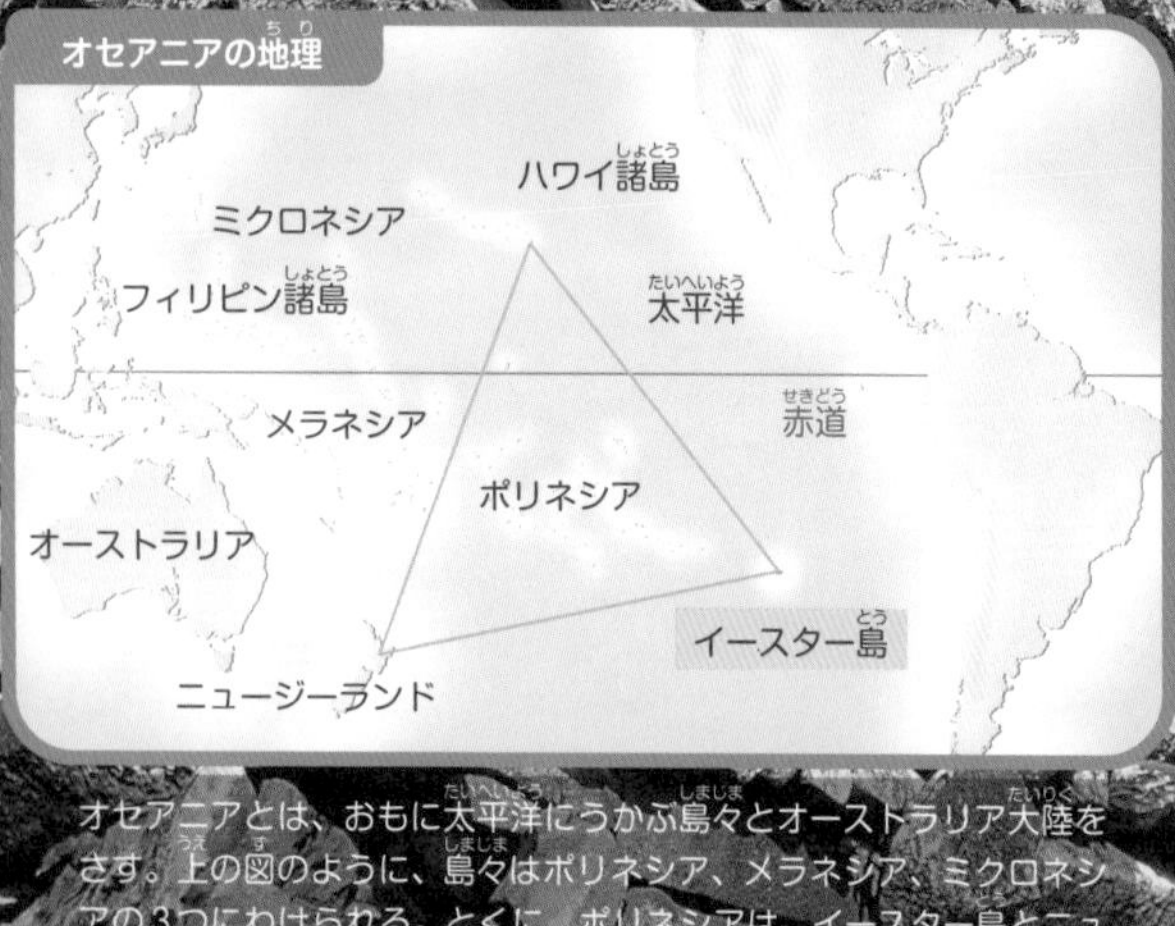

オセアニアとは、おもに太平洋《たいへいよう》にうかぶ島々《しまじま》とオーストラリア大陸《たいりく》をさす。上《うえ》の図《ず》のように、島々《しまじま》はポリネシア、メラネシア、ミクロネシアの3つにわけられる。とくに、ポリネシアは、イースター島《とう》とニュージーランド、ハワイをむすぶ三角形《さんかっけい》の中《なか》にある島《しま》のこと。

東南《とうなん》アジアの主《おも》な王国《おうこく》・王朝《おうちょう》のうつりかわり

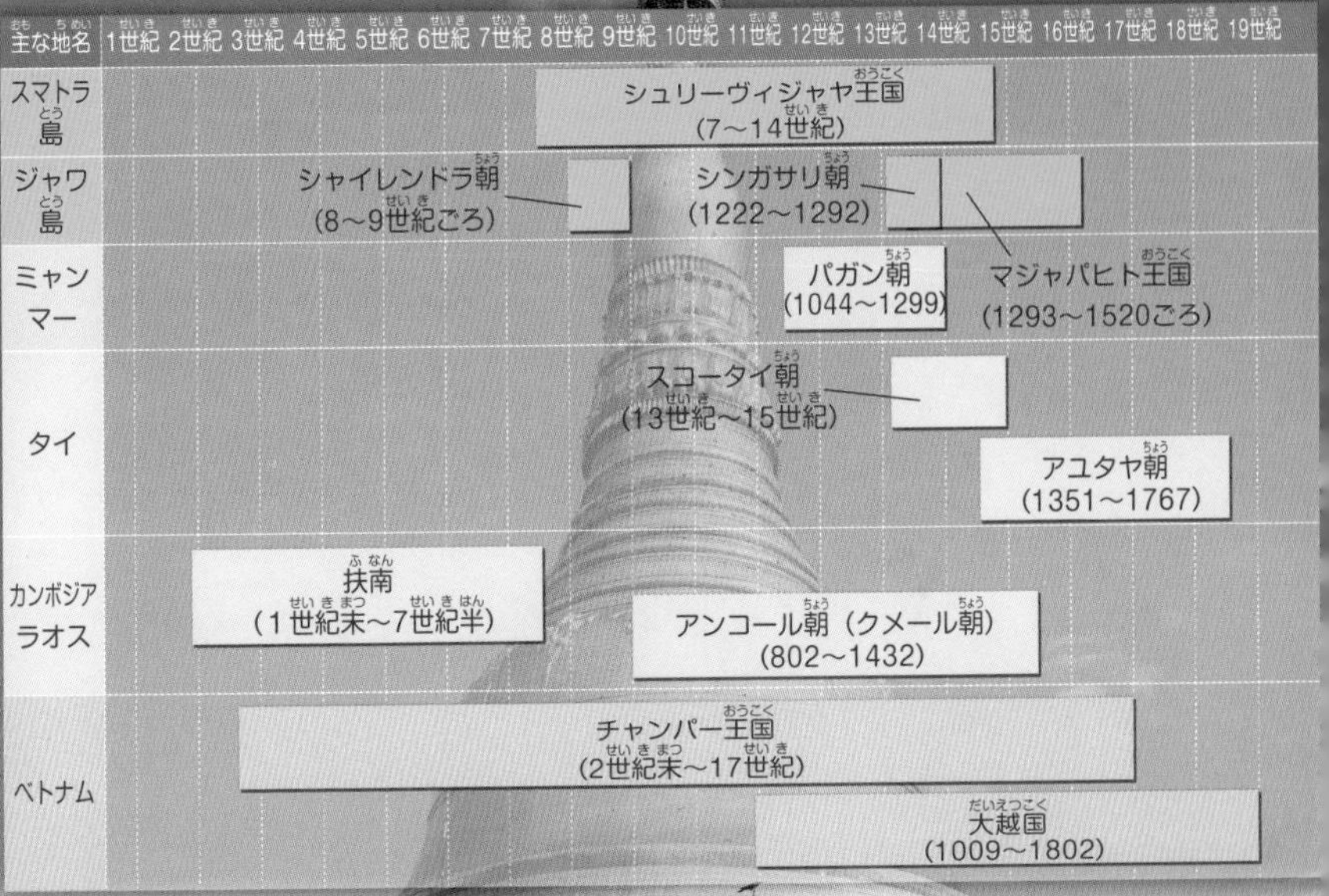

東南《とうなん》アジアの地理《ちり》

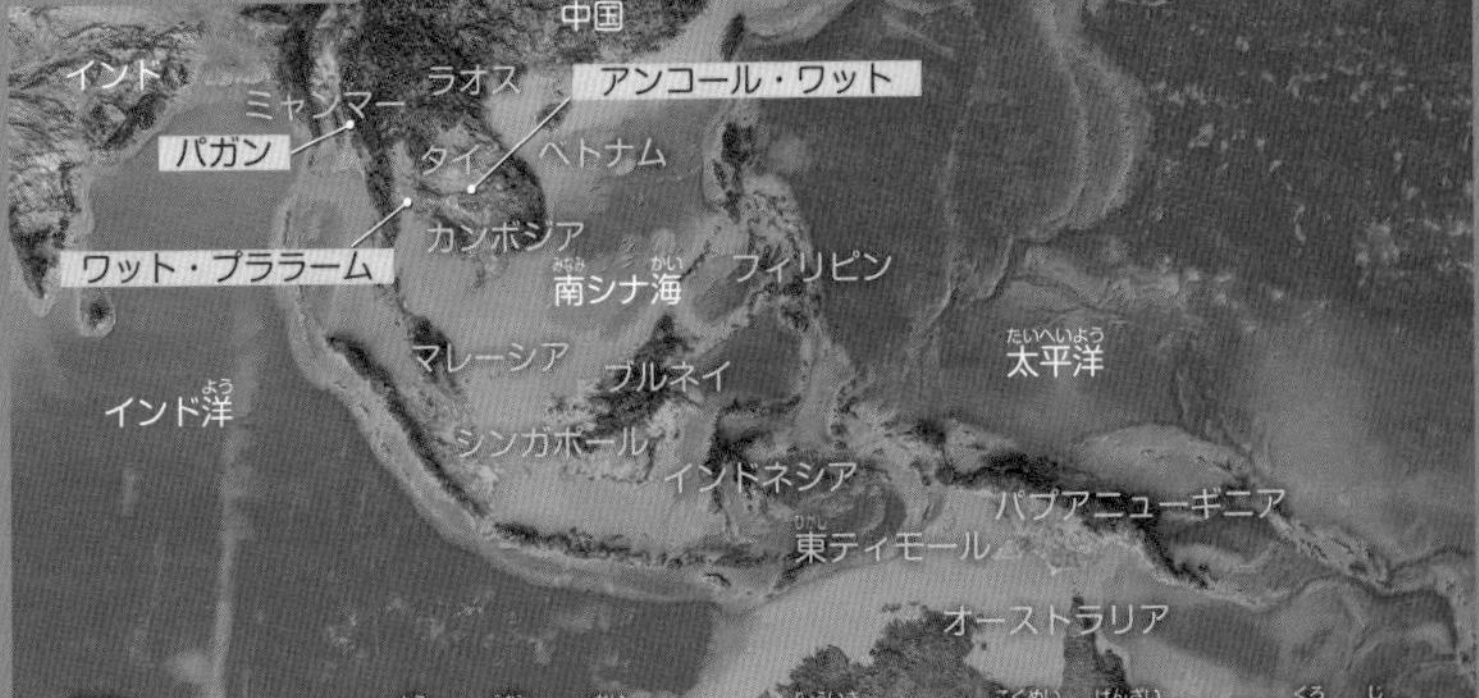

東南《とうなん》アジアは、インド洋《よう》から南《みなみ》シナ海《かい》にかけての領域《りょういき》をさす。国名《こくめい》は現在《げんざい》のもの。黒《くろ》い字《じ》で示《しめ》した場所《ばしょ》は、ここで紹介《しょうかい》する遺跡《いせき》。うしろの写真《しゃしん》は、右《みぎ》ページがミクロネシアのポンペイ島《とう》にある「ナマンドール遺跡《いせき》」、左《ひだり》ページがミャンマーにある寺院《じいん》「シュエダゴン・パゴダ」。

もっと知《し》りたい

ベトナムには、紀元前《きげんぜん》4世紀《せいき》ごろから鉄器《てっき》などを使《つか》う「ドンソン文化《ぶんか》」があった。

02 しゃしんギャラリー アンコール遺跡《いせき》

802年《ねん》にカンボジアで生《う》まれたアンコール王朝《おうちょう》は、12世紀《せいき》にヒンドゥー教《きょう》の寺院《じいん》として「アンコール・ワット」を建《た》てました。

その後《ご》、都《みやこ》は敵国《てきこく》にうばわれますが（142ページ）、ふたたびとりかえすと、王宮《おうきゅう》「アンコールトム」が建《た》てられます。ところが、新《あたら》しい王《おう》は仏教《ぶっきょう》を信仰《しんこう》していたので、アンコールトムに仏教《ぶっきょう》寺院《じいん》を建《た》てただけでなく、すでにあった

神《かみ》の世界《せかい》をあらわすアンコール・ワット

カンボジア北西部《ほくせいぶ》にあるアンコール遺跡《いせき》には、アンコール・ワットなどの寺院《じいん》やお堂《どう》がたくさんある。アンコール・ワットは、神《かみ》の世界《せかい》をイメージした寺院《じいん》とされていて、中央《ちゅうおう》の塔《とう》は須弥山《しゅみせん》という山《やま》、まわりの廊下《ろうか》などはヒマラヤ山脈《さんみゃく》をあらわしているという。

アンコール・ワットなども仏教寺《ぶっきょうじ》院《いん》につくりかえました。

アンコールトムの「顔《かお》」

王宮《おうきゅう》アンコールトムは、アンコール・ワットの近《ちか》くにある。アンコールトムの中心《ちゅうしん》には仏教寺院《ぶっきょうじいん》として建《た》てられたバイヨン寺院《じいん》がある。その周囲《しゅうい》には、東西南北《とうざいなんぼく》の壁《かべ》に「尊顔《そんがん》」(顔《かお》をうやまっていう言葉《ことば》)がほられた塔《とう》がある。このような建築《けんちく》は、世界《せかい》でもめずらしいようだ。

もっと知《し》りたい

アンコール王朝《おうちょう》は、クメール王朝《おうちょう》ともよばれる。

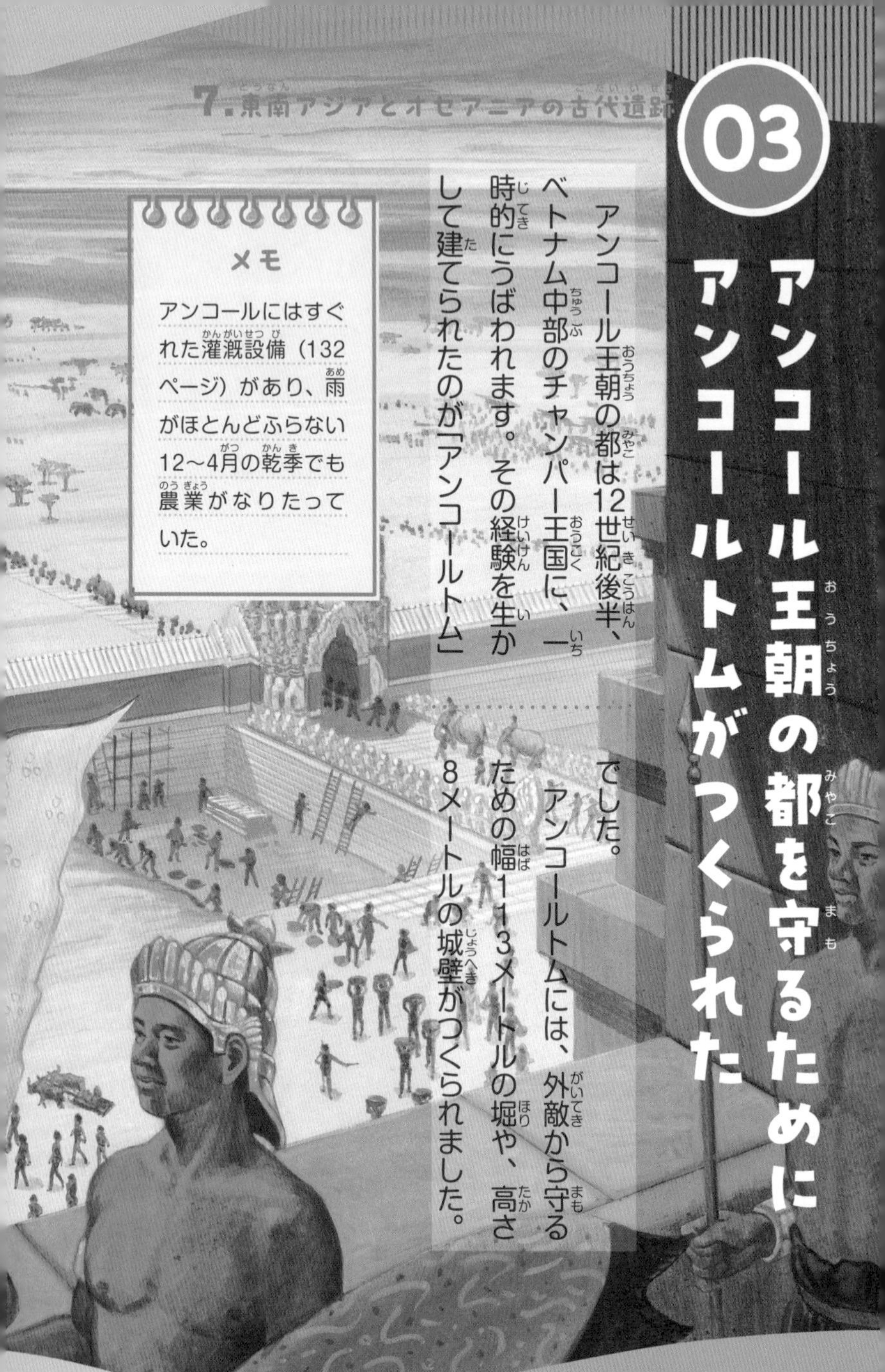

03 アンコール王朝《おうちょう》の都《みやこ》を守《まも》るためにアンコールトムがつくられた

アンコール王朝《おうちょう》の都《みやこ》は12世紀後半《せいきこうはん》、ベトナム中部《ちゅうぶ》のチャンパー王国《おうこく》に、一《いち》時的《じてき》にうばわれます。その経験《けいけん》を生《い》かして建《た》てられたのが「アンコールトム」でした。

アンコールトムには、外敵《がいてき》から守《まも》るための幅《はば》113メートルの堀《ほり》や、高《たか》さ8メートルの城壁《じょうへき》がつくられました。

メモ

アンコールにはすぐれた灌漑設備《かんがいせつび》（132ページ）があり、雨《あめ》がほとんどふらない12〜4月《がつ》の乾季《かんき》でも農業《のうぎょう》がなりたっていた。

バイヨンの尊顔《そんがん》は
180もあるんだよ

つくられていくアンコールトム

イラストは、ジャヤバルマン7世《せい》の指示《しじ》でつくられていくアンコールトムの想像図《そうぞうず》。王宮《おうきゅう》の中心《ちゅうしん》に建《た》つバイヨン寺院《じいん》の外側《そとがわ》には、城壁《じょうへき》と堀《ほり》もつくられている。

もっと知《し》りたい

アンコールは15世紀中《せいきなか》ごろにタイのアユタヤ朝《ちょう》（146ページ）に攻《せ》め落《お》とされた。

04

3000もの仏教遺跡《ぶっきょういせき》がみられる ミャンマーのバガン遺跡《いせき》

ミャンマー全体《ぜんたい》を統一《とういつ》するパガン王朝《おうちょう》ができたのは、11世紀《せいき》のことです。

パガン王朝《おうちょう》は、先住民族《せんじゅうみんぞく》のモン人《じん》を支配《しはい》して王朝《おうちょう》をひらきますが、モン人《じん》が信仰《しんこう》していた上座部《じょうざぶ》仏教《ぶっきょう》を受《う》け入《い》れました。そして、仏教寺院《ぶっきょうじいん》や仏塔《ぶっとう》（パゴダ）を、つぎつぎにつくったのです。

上座部仏教《じょうざぶぶっきょう》には、お金《かね》や品物《しなもの》を寺《てら》や貧《まず》しい人《ひと》に差《さ》し出《だ》せば自《じ》

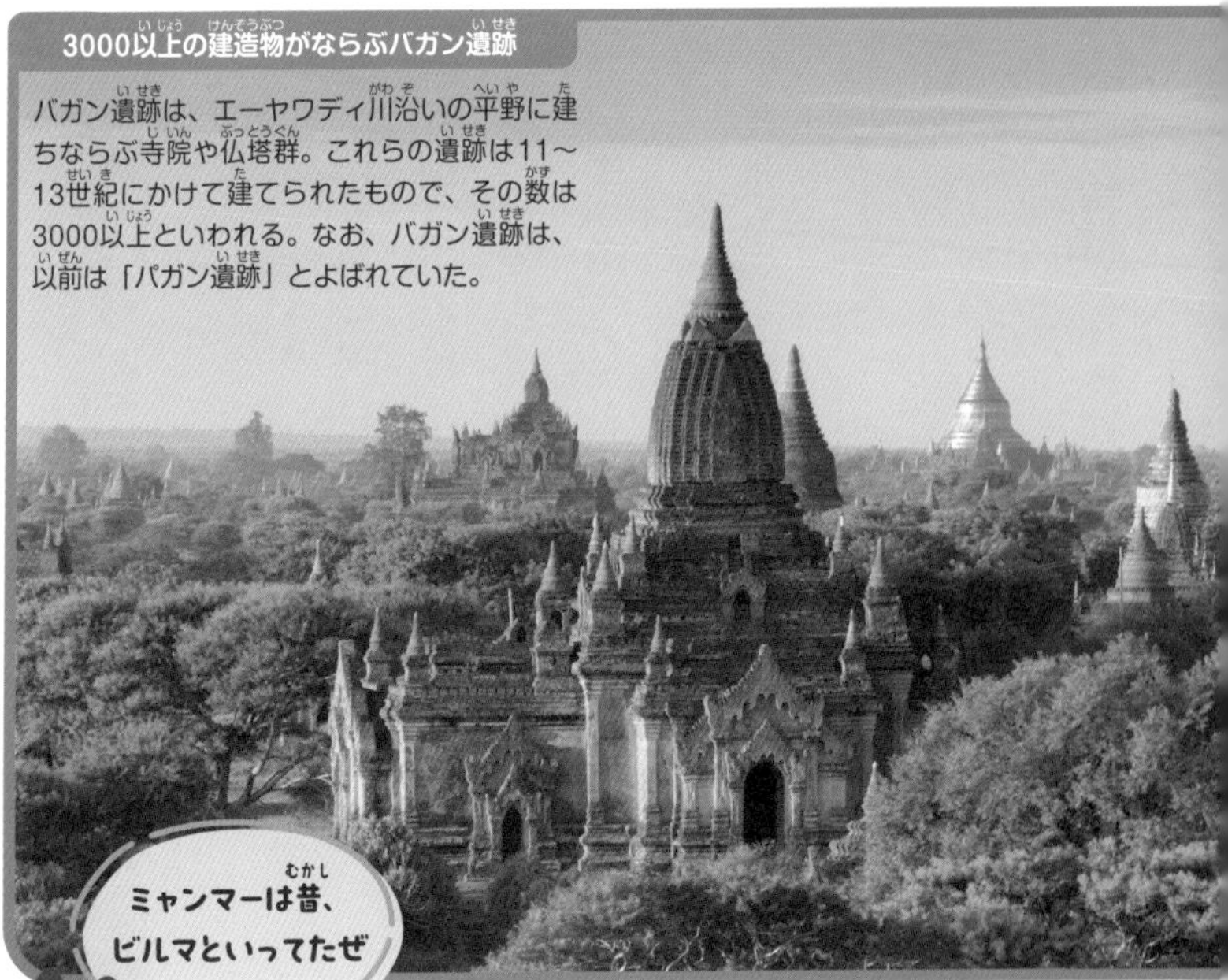

3000以上《いじょう》の建造物《けんぞうぶつ》がならぶバガン遺跡《いせき》

バガン遺跡《いせき》は、エーヤワディ川沿《がわぞ》いの平野《へいや》に建《た》ちならぶ寺院《じいん》や仏塔群《ぶっとうぐん》。これらの遺跡《いせき》は11～13世紀《せいき》にかけて建《た》てられたもので、その数《かず》は3000以上《いじょう》といわれる。なお、バガン遺跡《いせき》は、以前《いぜん》は「パガン遺跡《いせき》」とよばれていた。

分《ぶん》も救《すく》われるという「喜捨《きしゃ》」とよばれる教《おし》えがあります。ミャンマーでは、王《おう》から市民《しみん》まで、競《きそ》うように喜捨《きしゃ》がおこなわれた結果《けっか》、３０００以上《いじょう》の仏塔《ぶっとう》や寺《じ》院《いん》ができたのです。

メモ

仏教《ぶっきょう》は「上座部仏教《じょうざぶぶっきょう》」と「大《だい》乗仏教《じょうぶっきょう》」に大《おお》きくわけられる。上座部仏教《じょうざぶぶっきょう》は自分《じぶん》が悟《さと》りを開《ひら》くことをめざす仏教《ぶっきょう》だが、大《だい》乗仏教《じょうぶっきょう》はさらに、多《おお》くの人《ひと》を救《すく》うこともめざす仏教《ぶっきょう》。

もっと知《し》りたい

ミャンマーでは、仏塔《ぶっとう》（ストゥーパ）のことをパゴダという。

05 アンコールを攻《せ》め落《お》としたタイのアユタヤ王国《おうこく》

　アンコール王朝《おうちょう》（クメール王朝《おうちょう》）の力《ちから》は、13世紀《せいき》ごろに弱《よわ》くなっていきます。すると、アンコール王朝《おうちょう》が支配《しはい》していたタイのスコータイを、タイ族《ぞく》がうばいました。こうして、タイにスコータイ王朝《おうちょう》が生《う》まれます。

　スコータイ王朝《おうちょう》は14世紀《せいき》に弱《よわ》まっていき、かわりにアユタヤ王朝《おうちょう》が生《う》まれました。アユタヤには、ワット・プララームなど、クメール様式《ようしき》の仏教寺院《ぶっきょうじいん》がいくつも建《た》てられています。

　じょじょに強《つよ》くなったアユタヤ王朝《おうちょう》は、ついにアンコールを攻《せ》め落《お》としました。王朝《おうちょう》は４００年《ねん》以上《いじょう》つづきましたが、最期《さいご》はビルマ（ミャンマー）のコンバウン王朝《おうちょう》に滅《ほろ》ぼされました。

メモ

アンコール王朝《おうちょう》は、ジャヤバルマン7世《せい》（143ページ）の死去《しきょ》によって弱《よわ》くなっていく。これで誕生《たんじょう》したスコータイ王朝《おうちょう》は、タイ人《じん》がつくった最初《さいしょ》の王朝《おうちょう》となったが、最期《さいご》はアユタヤ王朝《おうちょう》に吸収《きゅうしゅう》された。

ワット・マハタートの仏頭《ぶっとう》

今《いま》はないワット・マハタート寺院《じいん》のあとに残《のこ》る仏像《ぶつぞう》の頭《あたま》。仏像《ぶつぞう》から切《き》り落《お》とされた頭部《とうぶ》が、木《き》の成長《せいちょう》とともに根《ね》に取《と》りこまれて今《いま》の姿《すがた》になった。

クメール様式《ようしき》のワット・プララーム

アユタヤ王朝《おうちょう》初期《しょき》の寺院《じいん》ワット・プララーム。トウモロコシの形《かたち》をした塔《とう》は、アンコール王朝《おうちょう》でみられたクメール様式《ようしき》の建物《たてもの》だ。塔《とう》のそばには、7つの礼拝堂《れいはいどう》のあとも残《のこ》っている。

もっと知《し》りたい

タイでは、上座部仏教《じょうざぶぶっきょう》（145ページ）が保護《ほご》された。

06

モアイ像《ぞう》のあるイースター島《とう》には紀元前《きげんぜん》から人《ひと》がすんでいた

太平洋《たいへいよう》にうかぶイースター島《とう》では、「モアイ」とよばれる約《やく》９００体《たい》の石《せき》像《ぞう》がみつかっています。

モアイ像《ぞう》がつくられたのは7〜16世《せい》紀《き》とみられています。像《ぞう》は平均《へいきん》すると20トンもの重《おも》さがあり、高《たか》さは10メートルをこえるものもあります。こうした巨大建造物《きょだいけんぞうぶつ》がつくれるほど島《しま》は栄《さか》えていて、いくつもの部族《ぶぞく》が競《きそ》い合《あ》って像《ぞう》を建《た》てたとかんがえられています。

モアイ像《ぞう》をつくった人々《ひとびと》は、紀元前《きげんぜん》からこの島《しま》にすんでいました。彼《かれ》らは、どこかの大陸《たいりく》から船《ふね》で渡《わた》ってきたはずです。しかし、どこから来《き》たのか、いつごろ来《き》たのかなどはわかっていません。

メモ

イースター島《とう》は、1722年《ねん》4月《がつ》5日《か》の復活祭《ふっかつさい》（イースター）の日《ひ》にみつかったのでこの名前《なまえ》がついた。太平洋《たいへいよう》の島々《しまじま》は、15世紀末《せいきまつ》からはじまった大航海時代《だいこうかいじだい》に、ヨーロッパの探検家《たんけんか》たちによって発見《はっけん》されていく。

土《つち》に埋《う》まったモアイ像《ぞう》

モアイ像《ぞう》は、アフとよばれる石《いし》の祭壇《さいだん》の上《うえ》にきちんとならんで建《た》っているものもあれば、土《つち》に埋《う》まっているものもある。写真《しゃしん》のモアイ像《ぞう》は上半身《じょうはんしん》しかみえないものが多《おお》いが、そのほとんどは全身《ぜんしん》がつくられている。

栄《さか》えていたころのイースター島《とう》

モアイ像《ぞう》をつくるイースター島《とう》の人々《ひとびと》の想像《そうぞう》図《ず》。島《しま》が最《もっと》も栄《さか》えたのは15～16世紀《せいき》とされていて、モアイ像《ぞう》もさかんにつくられた。その後《ご》、島《しま》の環境《かんきょう》が悪《わる》くなったことなどで、モアイ像《ぞう》はつくられなくなっていく。

栄《さか》えていたころは7000人《にん》の島民《とうみん》がいたらしいぜ

もっと知《し》りたい

最《もっと》もよくあるモアイ像《ぞう》は、「プカオ」という帽子《ぼうし》のようなものをかぶっている。

07 モアイ像《ぞう》はなぜつくられたのか？

約《やく》21メートル

イースター島《とう》で製作《せいさく》された中《なか》で最大《さいだい》のモアイ（約《やく》21メートル）。16世紀《せいき》ごろのもので、石切《いしき》り場《ば》に製作途中《せいさくとちゅう》で放置《ほうち》されている。

約《やく》11メートル

アフの上《うえ》に建《た》てられた中《なか》では最大《さいだい》（約《やく》11メートル）の15世紀《せいき》ごろのモアイ。

約《やく》2.5メートル

トゥクトゥリとよばれるこのモアイは、16世紀《せいき》ごろに登場《とうじょう》する特殊《とくしゅ》なモアイの一《ひと》つ。大《おお》きさは約《やく》2.5メートル。

モアイがかざられたアフがいくつもあるよ

そもそも、なぜモアイ像《ぞう》はつくられたのでしょうか？

モアイは、昔《むかし》の偉大《いだい》な支配者《しはいしゃ》をかたどった守《まも》り神《がみ》だったのではないか、とかんがえられています。島民《とうみん》が豊《ゆた》かにくらせるよう、祈《いの》りをこめてモアイ像《ぞう》をつくったというわけです。そのことをあらわすかのように、完成《かんせい》したモアイ像《ぞう》のほとんどは、海《うみ》を背《せ》にして島民《とうみん》を見守《みまも》るように建《た》っています。

イースター島《とう》では、7世紀《せいき》ごろからモアイ像《ぞう》がつくられはじめ、だんだんと巨大化《きょだいか》していきます。

巨大化《きょだいか》するモアイ像《ぞう》

モアイ像《ぞう》は、最初《さいしょ》につくられた7世紀《せいき》ごろは2メートルほどだったが、だんだんと巨大化《きょだいか》し、石《いし》の種類《しゅるい》もかわっていく。14～15世紀《せいき》は最《もっと》もさかんにつくられ、高《たか》さ11メートル、重《おも》さ80トンという像《ぞう》もつくられた。つくっている途中《とちゅう》のものだが最大《さいだい》21メートルの像《ぞう》も確認《かくにん》されている。

1.6メートル

人間《にんげん》の身長《しんちょう》は160センチとした。

約《やく》2メートル

最《もっと》も初期《しょき》のアフ・モアイアマタメアのモアイ。大《おお》きさは約《やく》2メートル、石材《せきざい》は赤色《せきしょく》スコリアという火山岩《かざんがん》。

約《やく》3メートル

10世紀《せいき》ごろのアフ・ヴァイウリのモアイ。大《おお》きさは約《やく》3メートルで、このころから定型《ていけい》化《か》がはじまり、石材《せきざい》も凝灰岩《ぎょうかいがん》となる。

約《やく》5メートル

アフ・コテリクのこのモアイは平均的《へいきんてき》なタイプで、大《おお》きさは約《やく》5メートル。頭《あたま》にはスコリア製《せい》のプカオ（まげ石《いし》、あるいは帽子《ぼうし》）を乗《の》せはじめた。

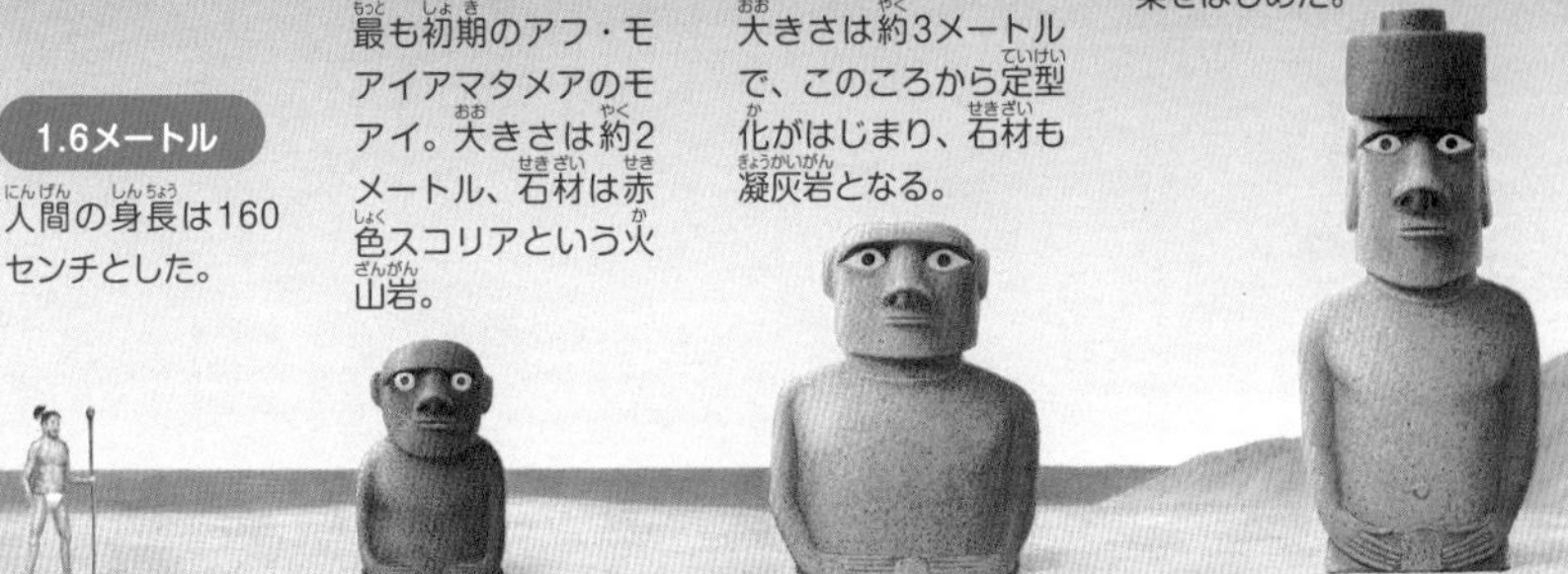

もっと知《し》りたい

イースター島《とう》には、モアイ像《ぞう》をつくるための石材《せきざい》をとった石切《いしき》り場《ば》がある。

やすみじかん

モアイ像《ぞう》はどうやって運《はこ》んだの？

平均《へいきん》20トンあるモアイ像《ぞう》を運《はこ》んだ方法《ほうほう》は、今《いま》もなぞとされています。いくつかの説《せつ》が知《し》られていますが、木製《もくせい》のそりで運《はこ》んだという「そり法《ほう》」が有力《ゆうりょく》です。そのほかの説《せつ》として「冷蔵庫法《れいぞうこほう》」があります。右《みぎ》、左《ひだり》と傾《かたむ》けて浮《う》いた側《がわ》をロープでひっぱることで、“歩《ある》かせる”方法《ほうほう》です。実際《じっさい》はどうだったのか、ギモンはつきませんね。

イラストには、手前《てまえ》に「冷蔵庫法《れいぞうこほう》」、奥《おく》に「そり法《ほう》」がえがかれている。冷蔵庫法《れいぞうこほう》は、今《いま》も冷蔵庫《れいぞうこ》を運《はこ》ぶ方法《ほうほう》の一《ひと》つとして使《つか》われている。ただし、長《なが》い道《みち》のりを運《はこ》ぶには時間《じかん》がかかりすぎるようだ。

8
じかんめ

アメリカ大陸《たいりく》の古《こ》代《だい》遺《い》跡《せき》

古代《こだい》アメリカの文明《ぶんめい》は、ちょっと独特《どくとく》です。世界《せかい》のほかの地域《ちいき》とはちがい、大《おお》きな川《かわ》とは無関係《むかんけい》に生《う》まれました。建造物《けんぞうぶつ》も一風《いっぷう》かわっていて、〝羽《はね》のあるヘビ〟があらわれるピラミッドや、何百《なんびゃく》メートルもある巨大《きょだい》な地上絵《ちじょうえ》などがあります。そんな、古代《こだい》アメリカの遺跡《いせき》をみていきましょう。

01 アメリカの古代文明《こだいぶんめい》では馬《うま》も鉄《てつ》もつかわれなかった

古代《こだい》アメリカの文明《ぶんめい》は、大《おお》きく「メソアメリカ文明《ぶんめい》」と「アンデス文明《ぶんめい》」にわけられます。「メソ」は、真《ま》ん中《なか》という意味《いみ》です。

ほかの地域《ちいき》の文明《ぶんめい》とはちがい、古代《こだい》アメリカ文明《ぶんめい》は大《おお》きな川《かわ》とは無関係《むかんけい》に誕生《たんじょう》しました。また、馬《うま》がいなかったアメリカ大陸《たいりく》には、馬《うま》で物《もの》を運《はこ》ぶ習慣《しゅうかん》ができず、車輪《しゃりん》は生《う》まれていません。金《きん》・銀《ぎん》・青銅《せいどう》はありましたが、鉄《てつ》はつかわれ

古代《こだい》アメリカの主《おも》な文明《ぶんめい》・王国《おうこく》と時代《じだい》

主《おも》な文明《ぶんめい》と、栄《さか》えた時期《じき》を示《しめ》した。ここにあげたもの以外《いがい》にも、多《おお》くの文明《ぶんめい》・文化《ぶんか》があった。

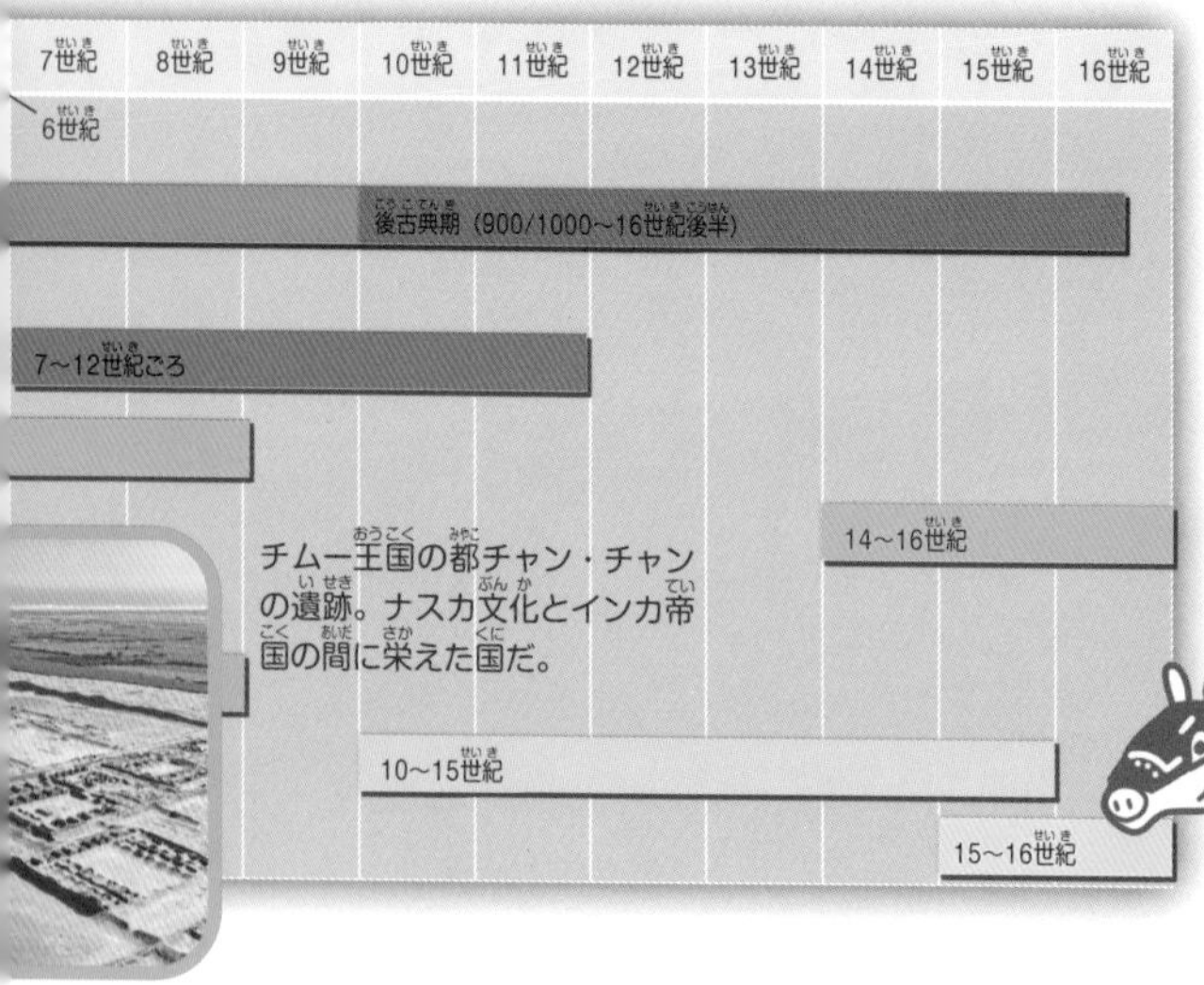

チムー王国《おうこく》の都《みやこ》チャン・チャンの遺跡《いせき》。ナスカ文化《ぶんか》とインカ帝国《ていこく》の間《あいだ》に栄《さか》えた国《くに》だ。

ませんでした。

古代《こだい》アメリカの文明《ぶんめい》

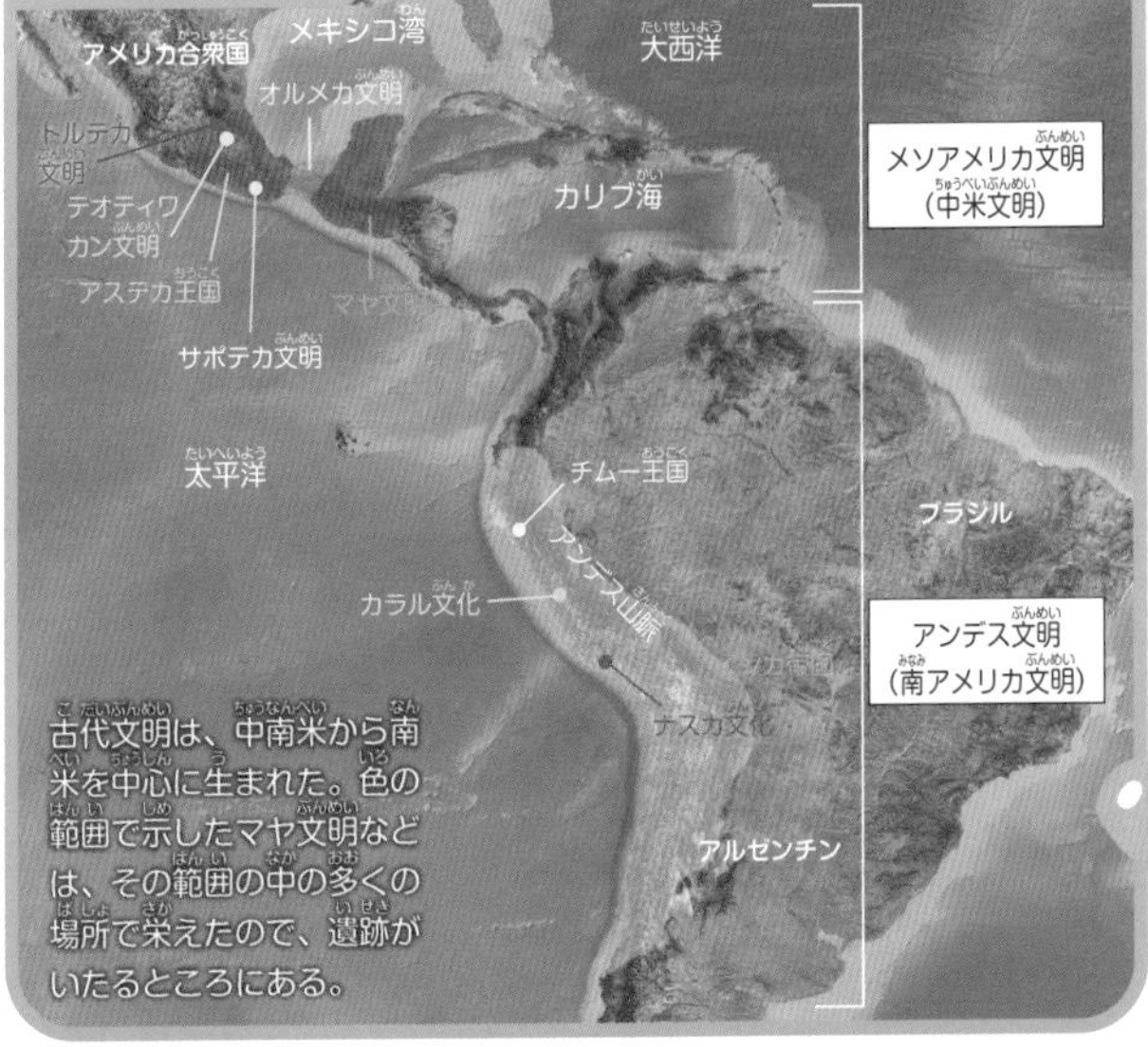

古代文明《こだいぶんめい》は、中南米《ちょうなんべい》から南《なん》米《べい》を中心《ちゅうしん》に生《う》まれた。色《いろ》の範囲《はんい》で示《しめ》したマヤ文明《ぶんめい》などは、その範囲《はんい》の中《なか》の多《おお》くの場所《ばしょ》で栄《さか》えたので、遺跡《いせき》がいたるところにある。

	紀元前《きげんぜん》	3000 紀元前《きげんぜん》500	紀元前《きげんぜん》1世紀《せいき》	1世紀《せいき》	2世紀《せいき》	3世紀《せいき》	4世紀《せいき》	5世
メソアメリカ文明《ぶんめい》（中米文明《ちゅうべいぶんめい》）	オルメカ文明《ぶんめい》	紀元前《きげんぜん》1500〜前《ぜん》400世紀《せいき》						
	マヤ文明《ぶんめい》	先古典期《せんこてんき》（紀元前《きげんぜん》1000〜250世紀《せいき》）				古典期《こてんき》（250〜900/10		
	テオティワカン文明《ぶんめい》		紀元前《きげんぜん》2世紀《せいき》ごろ〜6世紀《せいき》ごろ					
	トルテカ文明《ぶんめい》							
	サポテカ文明《ぶんめい》		紀元前《きげんぜん》5世紀《せいき》ごろ〜8世紀《せいき》ごろ					
	アステカ王国《おうこく》							
アンデス文明《ぶんめい》（南《みなみ》アメリカ文明《ぶんめい》）	カラル文化《ぶんか》	紀元前《きげんぜん》3000〜						
	ナスカ文化《ぶんか》		紀元前後《きげんぜんご》〜800年《ねん》ぐらいまで					
	チムー王国《おうこく》							
	インカ帝国《ていこく》							

もっと知《し》りたい

人類《じんるい》がアメリカ大陸《たいりく》に渡《わた》ってきたのは、約《やく》2万《まん》6000〜1万《まん》4000年前《ねんまえ》。

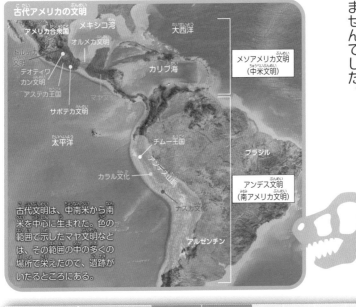

02 密林《みつりん》の中《なか》で生《う》まれて栄《さか》えたマヤ文明《ぶんめい》の国《くに》ティカル

「メソアメリカ文明《ぶんめい》」を代表《だいひょう》する「マヤ文明《ぶんめい》」は、紀元前《きげんぜん》1000年《ねん》ごろ～16世紀《せいき》に、メキシコ南東部《なんとうぶ》あたりの地域《ちいき》で栄《さか》えた文明《ぶんめい》です。とくに、3～10世紀《せいき》の「古典期《こてんき》」は、マヤ文明《ぶんめい》が最《もっと》も栄《さか》えた時期《じき》とされています。

3世紀《せいき》になると、マヤの低地南部《ていちなんぶ》あたりで、「ティカル」「パレンケ」などの国《くに》が栄《さか》えていきます。

マヤ文明《ぶんめい》は、世界《せかい》の古代文明《こだいぶんめい》とはちがい、川《かわ》のほとりではなく密林《みつりん》の中《なか》で生《う》まれました。

鉄《てつ》がつかわれることはなく、石器時《せっきじ》代《だい》の道具《どうぐ》で生活《せいかつ》をしていましたが、神殿《しんでん》やピラミッドなどの大規模《だいきぼ》な建造物《けんぞうぶつ》をつくることができました。

メモ

マヤ文明《ぶんめい》の国《くに》は、世界《せかい》のほかの国々《くにぐに》とちがって、一帯《いったい》を支配《しはい》する国《くに》や王朝《おうちょう》のようなものはできなかった。ときに、ほかの国《くに》と戦争《せんそう》をすることもあったが、領土《りょうど》をうばうためというよりは、いけにえをとらえるためだったようだ。

ティカルのピラミッド

イラストは、豊作《ほうさく》を祈《いの》る儀式中《ぎしきちゅう》のティカルの想像図《そうぞうず》。手前《てまえ》には王《おう》などの支配者《しはいしゃ》がいる。うしろには、あざやかな色《いろ》がつけられた巨大《きょだい》ピラミッドがみえる。マヤ文明《ぶんめい》の国《くに》では、神《かみ》のようにあがめられる支配者《しはいしゃ》が民衆《みんしゅう》をひきいていたようだ。

マヤ文明《ぶんめい》の主《おも》な遺跡《いせき》

マヤ文明《ぶんめい》の主《おも》な遺跡《いせき》がみつかった場所《ばしょ》。気温《きおん》の低《ひく》い南部《なんぶ》（高地《こうち》）、熱帯雨林《ねったいうりん》の中部《ちゅうぶ》（低地南部《ていちなんぶ》）、サバンナの北部《ほくぶ》（低地北部《ていちほくぶ》）の３つに大《おお》きくわけられる。ここに示《しめ》した以外《いがい》にも数多《かずおお》くの遺跡《いせき》がある。また、マヤ文明《ぶんめい》の周辺地域《しゅうへんちいき》にもさまざまな文明国家《ぶんめいこっか》があった。

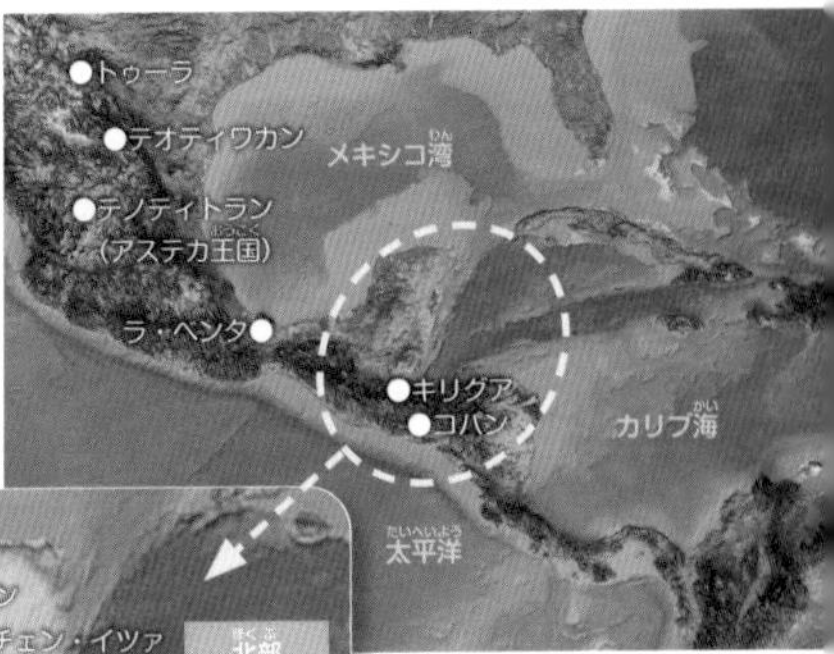

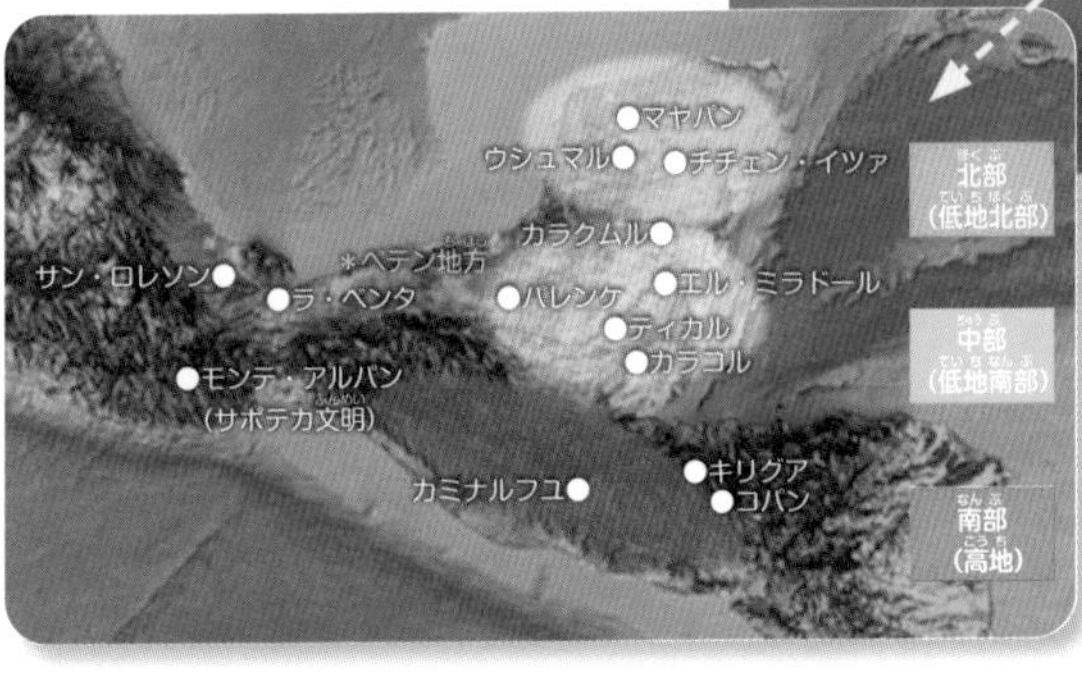

もっと知《し》りたい

マヤ文明《ぶんめい》は周辺《しゅうへん》のオルメカ文明《ぶんめい》、サポテカ文明《ぶんめい》、アステカ王国《おうこく》などと交流《こうりゅう》した。

03

ウシュマルに一夜《いちや》にしてできた？ 魔法使《まほうつか》いのピラミッド

魔法使《まほうつか》いのピラミッド

角《かど》が丸《まる》くなった、めずらしい形《かたち》のピラミッド。底面《ていめん》は約《やく》85メートル×約《やく》50メートル、高《たか》さは約《やく》35メートル。8世紀《せいき》あたりにつくられ、11世紀《せいき》までの間《あいだ》に増《ぞう》築《ちく》されて現在《げんざい》の大《おお》きさになったようだ。

9世紀《せいき》ごろになると、ティカルなどの国《くに》が弱《よわ》まっていきます。すると今度《こんど》は、その北部《ほくぶ》で国《くに》が点々《てんてん》と栄《さか》えはじめました。その一《ひと》つが、ウシュマルです。

ウシュマルには、マヤの伝説《でんせつ》で魔法使《まほうつか》いが一夜《いちや》でつくったとされる「魔法使《まほうつか》いのピラミッド」があります。この建造物《けんぞうぶつ》は、つみあげた石《いし》を石灰《せっかい》のセメントでかため、表面《ひょうめん》をモザイク模様《もよう》で

雨《あめ》の神《かみ》チャーク
（ウィッツ）

プウク様式《ようしき》の尼僧院《にそういん》

上《うえ》は「尼僧院《にそういん》」とよばれる建築《けんちく》物《ぶつ》。その表面《ひょうめん》には「プウク様式《ようしき》」のモザイク模様《もよう》がみられる。模《も》様《よう》の中《なか》には、中部《ちゅうぶ》マヤでみられる雨《あめ》の神《かみ》チャーク（もしくは怪《かい》物《ぶつ》ウィッツ） がほられており(右上《みぎうえ》)、マヤ諸国《しょこく》が影響《えいきょう》しあっていたことをうかがわせる。

かざるという、独特《どくとく》のつくりかたでできています。このようなウシュマルの建築《けんちく》は、「プウク様式《ようしき》」とよばれています。

ウシュマルでは王《おう》の力《ちから》はそれほど強《つよ》くなく、貴族《きぞく》とともに政《せい》治《じ》をおこなっていたようです。

メモ

ウシュマルのあるマヤ北部《ほくぶ》は低地《ていち》が広《ひろ》がっているが、ウシュマル自体《じたい》は高《たか》い丘《おか》のある土地《とち》で生《う》まれた。そのため、この周囲《しゅうい》の国々《くにぐに》は、丘《おか》を意味《いみ》する「プウク」からとって「プウク諸国《しょこく》」とよばれる。

もっと知《し》りたい

プウク諸国《しょこく》が栄《さか》えたのは、11世紀《せいき》ごろまでといわれている。

文化交流《ぶんかこうりゅう》の地《ち》チチェン・イツァの「羽《はね》のあるヘビ」のピラミッド

ウシュマルに近《ちか》いチチェン・イツァは、イツァにいた人々《ひとびと》とプトゥン人《じん》によって、700年《ねん》ごろに生《う》まれた国《くに》です。プトゥン人《じん》は国《くに》をもたず、海上交易《かいじょうこうえき》でくらしていた民《たみ》とされています。

チチェン・イツァは、プトゥン人《じん》と交易《こうえき》をした国々《くにぐに》を支配《しはい》したことで、さまざまな物《もの》や文化《ぶんか》が集《あつ》まる場所《ばしょ》になります。そのことをあらわすように、チチェン・イツァの中心《ちゅうしん》にある神殿《しんでん》ピラミッドには、メキシコの神《かみ》が「羽《はね》のあるヘビ」となってあらわれるしかけがかくれています。

ウシュマルと同《おな》じように、この国《くに》でも王《おう》は貴族《きぞく》とともに政治《せいじ》をおこなっていました。

メモ

海上交易《かいじょうこうえき》のネットワークをきずいていたチチェン・イツァには、メキシコ湾《わん》からは塩《しお》や綿《めん》布《ぶ》など、反対側《はんたいがわ》のホンジュラス湾岸《わんがん》からはカカオ、鈴《すず》、ヒスイなどが交易品《こうえきひん》として入《はい》ってきていた。

年《ねん》2回《かい》あらわれる「羽《はね》のあるヘビ」

神殿《しんでん》ピラミッド「カスティーヨ」。年《ねん》に2回《かい》（春分《しゅんぶん》と秋分《しゅうぶん》の日《ひ》）、太陽《たいよう》光《こう》で階段《かいだん》に影《かげ》が映《うつ》り、階段《かいだん》の下《した》にあるククルカン（ケツァルコアトル）の頭《あたま》とつながって、巨大《きょだい》な「羽《はね》のあるヘビ」があらわれる。ケツァルコアトルはメキシコ中部《ちゅうぶ》で信仰《しんこう》されていた農耕《のうこう》の神《かみ》だ。

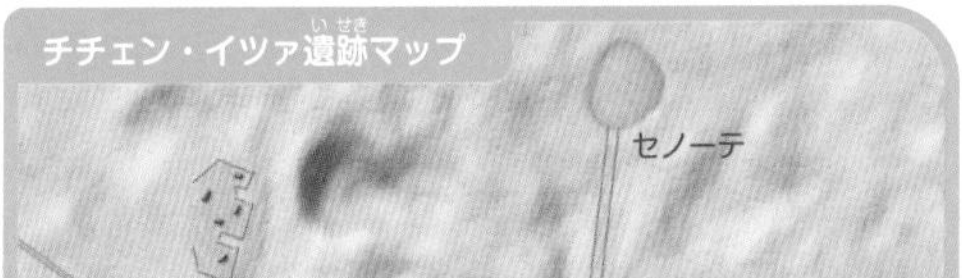

チチェン・イツァ遺跡《いせき》の中心《ちゅうしん》部《ぶ》は、南北《なんぼく》で建築様式《けんちくようしき》がことなる。南《みなみ》にある建造物《けんぞうぶつ》はプウク様式《ようしき》（159ページ）、北《きた》のカスティーヨなどはトルテカ様式《ようしき》だ。このように、チチェン・イツァは文化《ぶんか》が交流《こうりゅう》した国《くに》だった。

もっと知《し》りたい

チチェン・イツァは、「イツァ族《ぞく》の泉《いずみ》」という意味《いみ》。

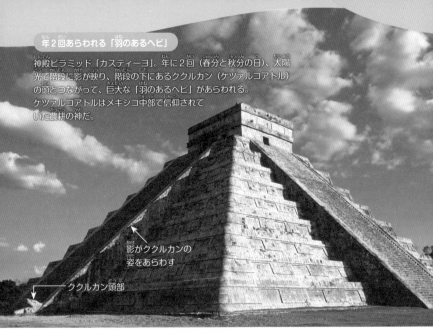

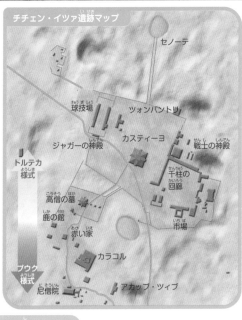

05

アメリカ大陸《たいりく》最大《さいだい》の古代遺跡《こだいいせき》テオティワカンは神《かみ》がすんだ場所《ばしょ》

マヤ文明《ぶんめい》が生《う》まれた地域《ちいき》の西方《せいほう》にあるメキシコ・シティには、アメリカ大陸最大《たいりくさいだい》の古代遺跡《こだいいせき》テオティワカンがあります。

この場所《ばしょ》では、紀元前《きげんぜん》2世紀《せいき》ごろ～紀元《きげん》6世紀《せいき》ごろにテオティワカン文明《ぶんめい》が生《う》まれました。テオティワカンとは「神々《かみがみ》がすんだ場《ば》所《しょ》」を意味《いみ》します。この文明《ぶんめい》が滅《ほろ》んだあと、この地《ち》にすんだアステカ人《じん》が町《まち》の大《おお》きさにおどろき、

太陽《たいよう》のピラミッド

死者《ししゃ》の大通《おおどお》りの東側《ひがしがわ》にあるピラミッド。底面《ていめん》は約《やく》223メートル四方《しほう》、高《たか》さは約《やく》65メートル。

"ここは神《かみ》がすんだ場所《ばしょ》にちがいない"と、この名《な》をつけたのです。

おどろくべきは、大《おお》きさだけではありません。

道《みち》や建造物《けんぞうぶつ》は、83センチメートルの倍数《ばいすう》となる長《なが》さで正確《せいかく》につくられています。また、夏至《げし》の日《ひ》に、この遺跡最大《いせきさいだい》の建造物《けんぞうぶつ》である「太《たい》陽《よう》のピラミッド」の正面《しょうめん》で太陽《たいよう》がしずむよう、大通《おおどお》りは南北方向《なんぼくほうこう》から15度《ど》25分《ふん》だけずらされているのです。この文明《ぶんめい》の技術力《ぎじゅつりょく》の高《たか》さがわかります。

月《つき》のピラミッド

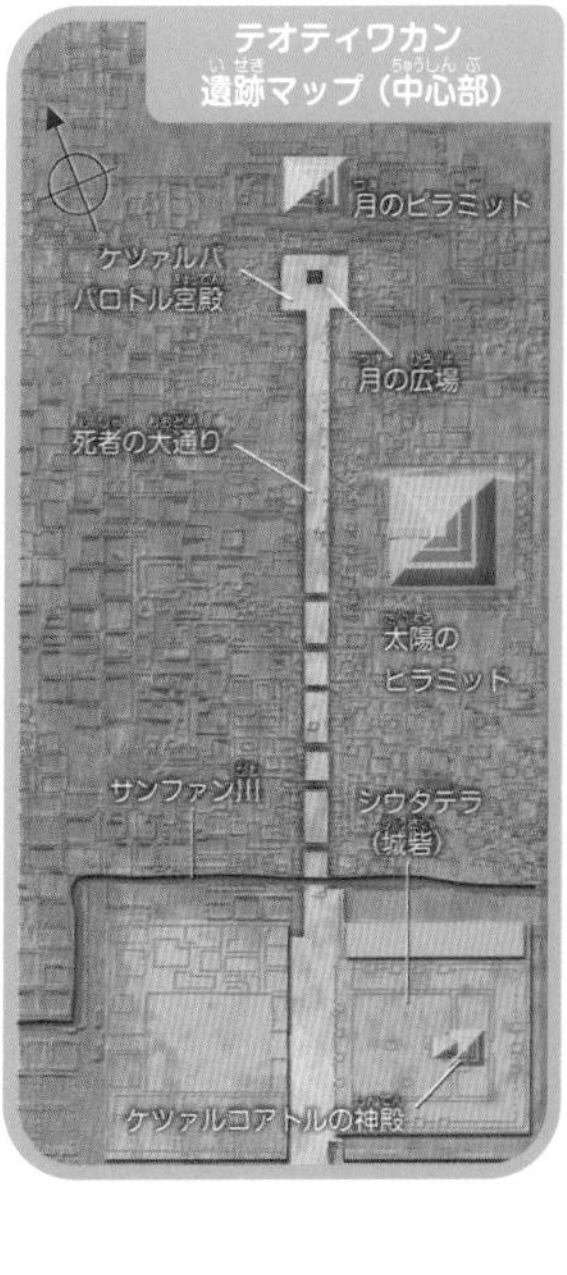

テオティワカン遺跡《いせき》の中心《ちゅうしん》を走《はし》る「死者《ししゃ》の大通《おおどお》り」の幅《はば》は約《やく》40メートル。その北側《きたがわ》にある「月《つき》のピラミッド」は底辺《ていへん》が約《やく》140×150メートル、高《たか》さは約《やく》46メートルで、増築《ぞうちく》のたびにいけにえが埋《う》められた。南側《みなみがわ》には、トルテカやアステカの農耕神《のうこうしん》・創《そう》造神《ぞうしん》をまつる「ケツァルコアトルの神殿《しんでん》」がある。

もっと知《し》りたい

最《もっと》も栄《さか》えたころのテオティワカンには、10万《まん》～20万人《まんにん》がくらしていた。

06

古代《こだい》エジプト文明《ぶんめい》の歴史《れきし》にならぶ アンデス文明最古《ぶんめいさいこ》の都市《とし》カラル

南《みなみ》アメリカで生《う》まれた「アンデス文明《ぶんめい》」は、主《おも》にアンデス山脈《さんみゃく》の海側《うみがわ》で栄《さか》えました。

この文明《ぶんめい》は、場所《ばしょ》によって2つの文化《ぶんか》にわかれていきます。建造物《けんぞうぶつ》に日乾《ひぼ》しレンガをつかう「海《うみ》の文化《ぶんか》」と、巨石《きょせき》をつかう「山《やま》の文化《ぶんか》」です。

海《うみ》の文化《ぶんか》をはぐくんだアンデス文明《ぶんめい》最古《さいこ》の都市《とし》「カラル」は、古代《こだい》エジプト文明《ぶんめい》の歴史《れきし》にならぶ、紀元前《きげんぜん》3000年《ねん》までさかのぼることができます。

海側《うみがわ》にあるカラル遺跡《いせき》

ペルーにあるカラル遺跡《いせき》は、紀元前《きげんぜん》3000～前《ぜん》1800年《ねん》ごろのものとされる。写真《しゃしん》は、1994年《ねん》に発掘《はっくつ》された大神殿《だいしんでん》。ほかに、円形劇場《えんけいげきじょう》や住居《じゅうきょ》などもみつかった。周囲《しゅうい》からは、インゲン豆《まめ》やカボチャなどを栽培《さいばい》したあとや、エクアドル地方《ちほう》からの交易品《こうえきひん》もみつかっている。

山側《やまがわ》にあるティワナク遺跡《いせき》

ボリビアのチチカカ湖《こ》の近《ちか》くにあるティワナク遺跡《いせき》は、標高約《ひょうこうやく》3800メートルの場所《ばしょ》にある。写真《しゃしん》は、一枚岩《いちまいいわ》でできた「太陽《たいよう》の門《もん》」。ほかにもピラミッドや神殿《しんでん》が集中《しゅうちゅう》してみつかっており、都市《とし》というより信仰《しんこう》の中心地《ちゅうしんち》だったとかんがえられている。

アンデス文明《ぶんめい》の主《おも》な遺跡《いせき》

標高《ひょうこう》が高《たか》く海《うみ》に近《ちか》いアンデス山脈《さんみゃく》や、冷《つめ》たいペルー海流《かいりゅう》といった独特《どくとく》の地形《ちけい》や気候《きこう》から、アンデス文明《ぶんめい》には「海《うみ》の文化《ぶんか》」と「山《やま》の文化《ぶんか》」が生《う》まれた。海《うみ》の文化《ぶんか》には「ナスカの地上絵《ちじょうえ》」(166ページ)があり、山《やま》の文化《ぶんか》には「マチュピチュ」(168ページ)がある。

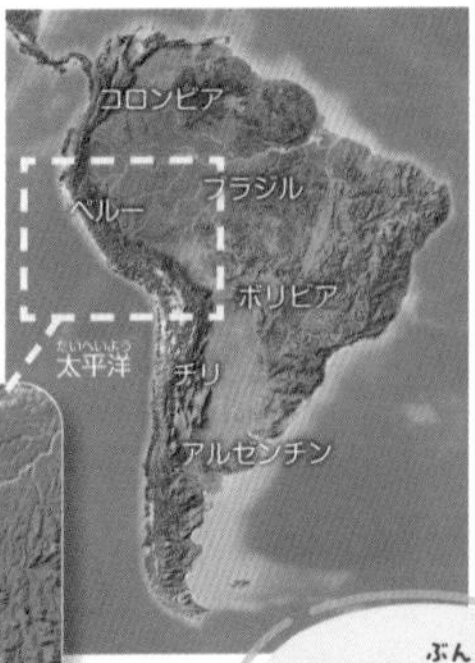

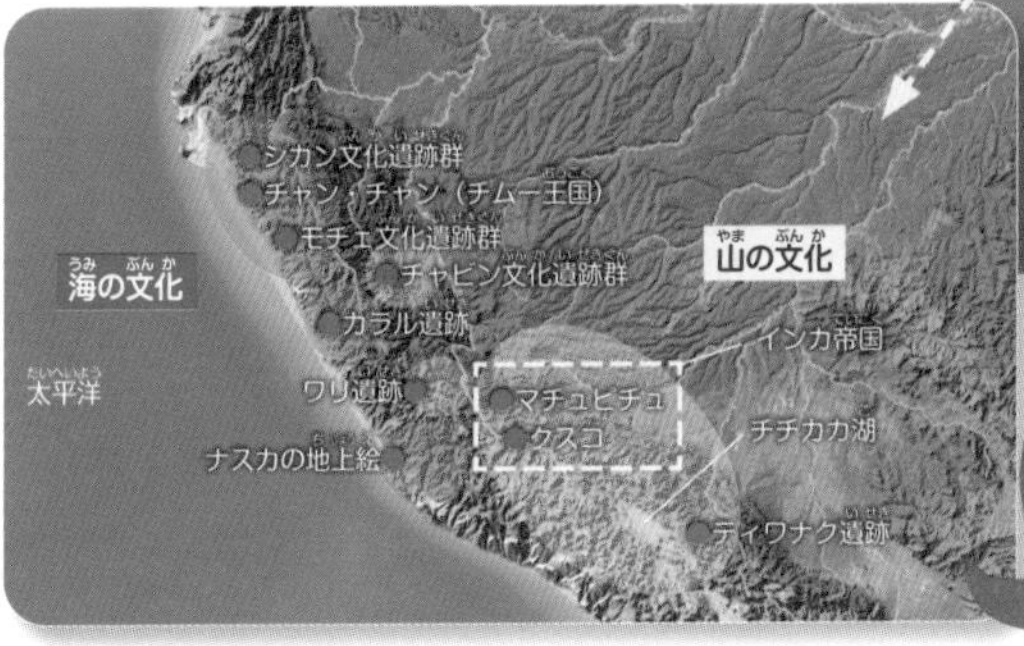

もっと知《し》りたい

紀元《きげん》1～7世紀《せいき》ごろは、アンデス文明《ぶんめい》の「地方発展期《ちほうはってんき》」とよばれる。

07 じゃしんギャラリー ナスカの地《ち》上《じょう》絵《え》

アンデスでは紀元《きげん》1〜7世紀《せいき》ごろに、各地《かくち》で多様《たよう》な文化《ぶんか》が出現《しゅつげん》しました。中《なか》でも、空《そら》からでないとみえないほどの大《おお》きな地上絵《ちじょうえ》を残《のこ》した「ナスカ文《ぶん》化《か》」は独特《どくとく》です。サルやハチドリといった動物《どうぶつ》のほか、木《き》や図形《ずけい》などが200点《てん》以上《いじょう》えがかれており、300メートル以上《いじょう》ある絵《え》もあるのです。

これらは儀式《ぎしき》のためにえがかれたという説《せつ》がありますが、実際《じっさい》にどうえがいたかなど、ギモンはつきません。

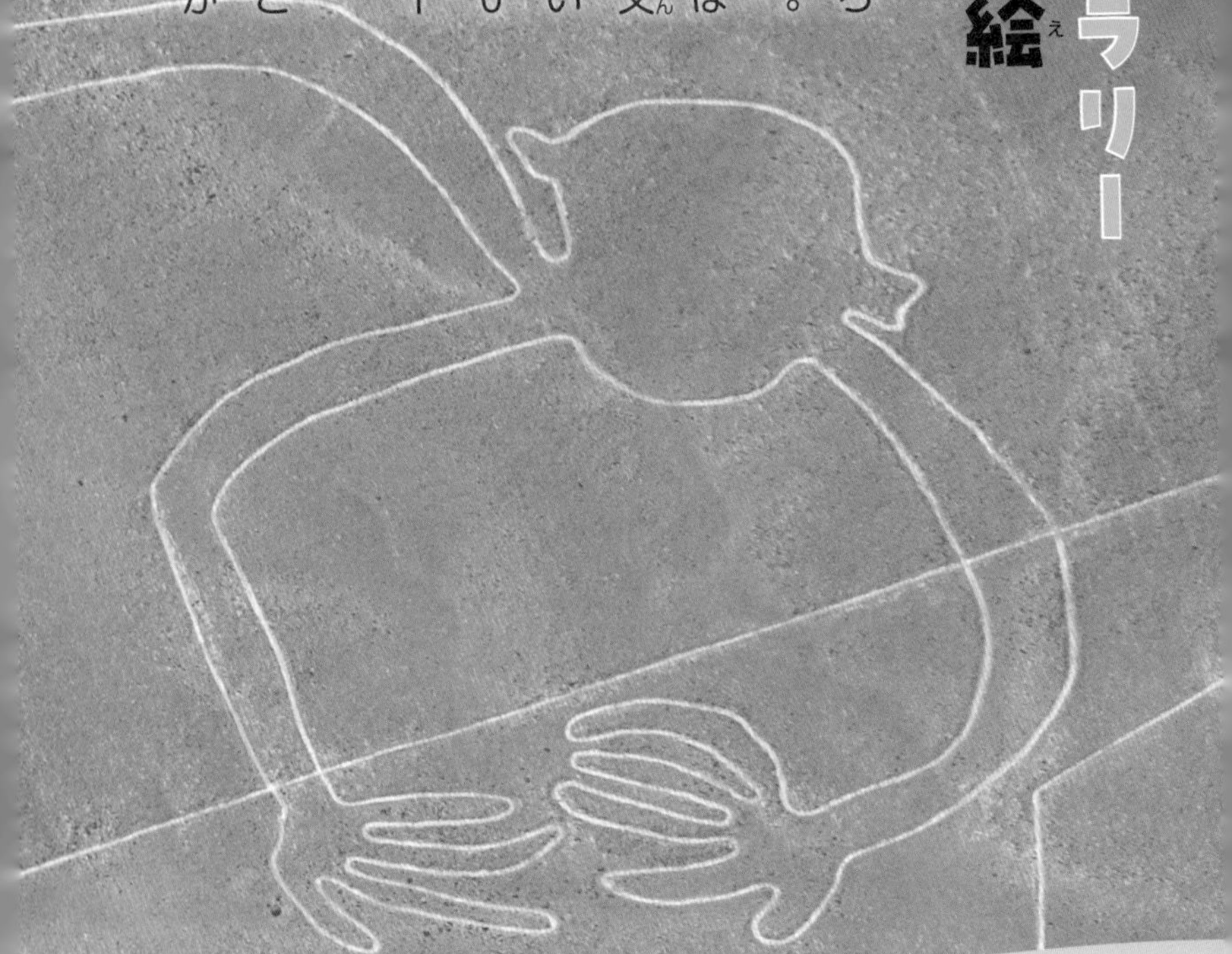

ハチドリの地上絵《ちじょうえ》

地上《ちじょう》にえがかれたハチドリ。ナスカ台地《だいち》の表面《ひょうめん》の小石《こいし》は黒《くろ》っぽいが、その石《いし》を取《と》りのぞくと白《しろ》っぽい地表《ちひょう》があらわれる。地上絵《ちじょうえ》は、この性質《せいしつ》をつかってえがかれている。絵《え》が今《いま》も残《のこ》っているのは、ナスカ台地《だいち》にほとんど雨《あめ》が降《ふ》らないからだ。

サルの地上絵《ちじょうえ》

地上《ちじょう》にえがかれたサル。ナスカは、ペルー南部《なんぶ》の海岸《かいがん》から約《やく》40キロメートルほど内陸《ないりく》にある。地上絵《ちじょうえ》がえがかれた年代《ねんだい》は、紀元《きげん》前《ぜん》100〜紀元《きげん》800年《ねん》とかんがえられている。

もっと知《し》りたい

ナスカ文化《ぶんか》の時代《じだい》は、紀元《きげん》800年《ねん》ぐらいに終《お》わったとみられている。

08

空中都市《くうちゅうとし》マチュピチュは、なんのためにつくられたのか？

15～16世紀《せいき》ごろ、アンデス山脈《さんみゃく》に沿《そ》った広大《こうだい》な地域《ちいき》を「インカ帝国《ていこく》」が支《し》配《はい》します。その都市《とし》の一《ひと》つで、標高約《ひょうこうやく》2500メートルの山《やま》の上《うえ》につくられたのが〝空中都市《くうちゅうとし》〟「マチュピチュ」です。

マチュピチュはインカ王《おう》の避暑地《ひしょち》、もしくは宗教的《しゅうきょうてき》な儀式《ぎしき》をおこなう場所《ばしょ》としてつくられたとみられています。

マチュピチュには天体観測《てんたいかんそく》のための建《たて》物《もの》があり、祭《まつ》りの日《ひ》や農業《のうぎょう》をはじめる日《ひ》などを、太陽《たいよう》や星座《せいざ》の位置《いち》から読《よ》みとる風習《ふうしゅう》があったようです。

太陽《たいよう》を信仰《しんこう》したインカの人々《ひとびと》は、太《たい》陽《よう》にできるだけ近《ちか》づくためにマチュピチュをつくったのかもしれません。

メモ

インカ帝国《ていこく》の遺跡《いせき》の多《おお》くは、南《みなみ》アメリカを植《しょく》民地《みんち》としたスペイン人《じん》によってこわされてしまった。マチュピチュは、16世紀《せいき》なかばに捨《す》てられてから草木《くさき》にうもれていたので、みつからず無事《ぶじ》だった。

太陽光《たいようこう》から冬至《とうし》を読《よ》みとる

イラストは、太陽観測《たいようかんそく》をするインカの神官《しんかん》たちの想像図《そうぞうず》。マチュピチュにあった「大塔《だいとう》」とよばれる“天体観測所《てんたいかんそくじょ》”には、太陽光《たいようこう》から冬至《とうし》の日《ひ》を読《よ》みとるしくみがあった。この日《ひ》はインカ最大《さいだい》の祭《まつ》り「インティ・ライミ」がおこなわれた。

空中都市《くうちゅうとし》マチュピチュ

マチュピチュは、アンデス山脈南西部《さんみゃくなんせいぶ》の尾根《おね》につくられた都市《とし》の遺跡《いせき》。総面積《そうめんせき》は5平方《へいほう》キロメートル。遺跡北部《いせきほくぶ》（写真奥《しゃしんおく》）の平《たい》らな場所《ばしょ》に居住区《きょじゅうく》があり、南部《なんぶ》には段々畑《だんだんばたけ》が広《ひろ》がる。遺跡《いせき》には神殿《しんでん》や宮殿《きゅうでん》のほか、城壁《じょうへき》もある。城壁《じょうへき》の外側《そとがわ》には断崖絶壁《だんがいぜっぺき》があり、まさに空中都市《くうちゅうとし》だ。

もっと知《し》りたい

マチュピチュは、先住民《せんじゅうみん》の言葉《ことば》で「年老《としお》いた峰《みね》」という意味《いみ》。

やすみじかん

マヤ文字《もじ》ってなに？

古代《こだい》アメリカで栄《さか》えた文明《ぶんめい》の中《なか》で、完全《かんぜん》な形《かたち》の文字《もじ》をもっていたのはマヤ文明《ぶんめい》だけといわれています。

「マヤ文字《もじ》」は、左《ひだり》ページの上《うえ》で示《しめ》すように、絵《え》で意味《いみ》や音《おん》をあらわす文字《もじ》です。Aは一文字《ひともじ》で「バラム」(ジャガー)などの複数《ふくすう》の意味《いみ》をもちます。これだけでバラムと読《よ》めますが、Bのように、「バ」という音《おん》の文字《もじ》をあえてつけて、バラムと読《よ》ませる方法《ほうほう》もあります。一《いっ》方《ぼう》、Cのように、「バ」「ラ」「ム」(マ)という音《おん》の文字《もじ》をならべてあらわすこともできます。

マヤには数字《すうじ》もありました。数字《すうじ》がつかえたことで、マヤ文明《ぶんめい》は独自《どくじ》の暦《こよみ》をつくりだして、農業《のうぎょう》や儀式《ぎしき》に生《い》かしたのです。

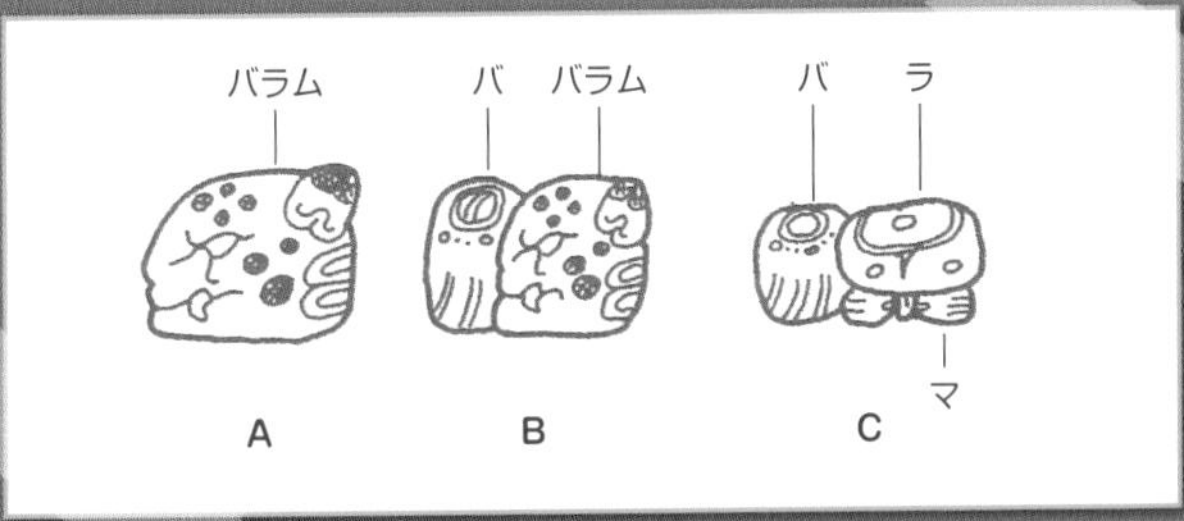

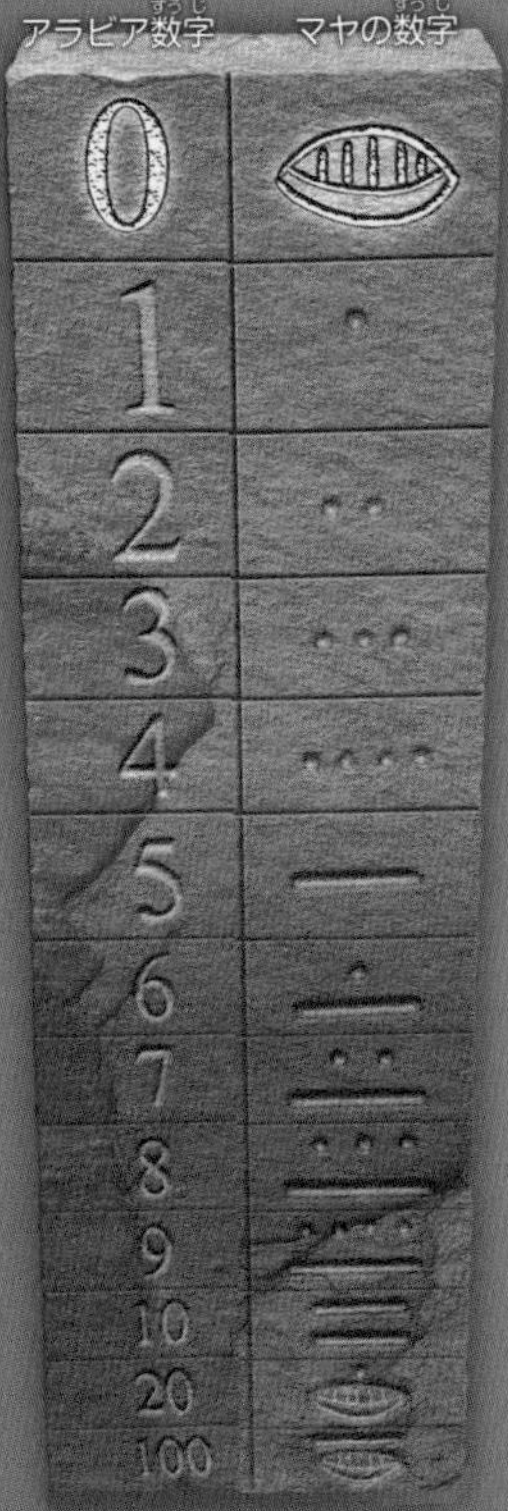

マヤ文字《もじ》は、ひらがなのように一文字《ひともじ》で音《おん》をあらわす「表音文字《ひょうおんもじ》」と、漢字《かんじ》のように一文字《ひともじ》で意味《いみ》をあらわす「表語文字《ひょうごもじ》」からなる。右《みぎ》は、マヤ南部《なんぶ》のコパンでみつかった王《おう》の石碑《せきひ》で、横側《よこがわ》にマヤ文字《もじ》がほられている。左《ひだり》は、アラビア数字《すうじ》とマヤ数字《すうじ》のあらわしかたをくらべたものだ。

出典：Coe 1992 Breaking the Maya Codeによる

用語解説《ようごかいせつ》

【アンコール・ワット】カンボジアにある、アンコール王朝《おうちょう》を代表《だいひょう》する寺院《じいん》。近《ちか》くには、王宮《おうきゅう》アンコールトムもある。

【アンデス文明《ぶんめい》】古代《こだい》の南《みなみ》アメリカで生《う》まれた複数《ふくすう》の文明《ぶんめい》をまとめていう言葉《ことば》。ナスカ文化《ぶんか》、チムー文化《ぶんか》、インカ帝国《ていこく》などがある。

【インダス文明《ぶんめい》】紀元前《きげんぜん》２６００年《ねん》ごろ、現在《げんざい》のパキスタンやインドを流《なが》れるインダス川流域《がわりゅういき》で生《う》まれた文明《ぶんめい》。

【エジプト文明《ぶんめい》】紀元前《きげんぜん》３０００年《ねん》ごろ、エジプトのナイル川流域《がわりゅういき》で生《う》まれた文明《ぶんめい》。ピラミッドなど、多《おお》くの建造物《けんぞうぶつ》をつくりだした。

【オリエント】ヨーロッパからみて「日《ひ》が昇《のぼ》るところ、東方《とうほう》」を意《い》味《み》し、中東《ちゅうとう》・中近東《ちゅうきんとう》あたりのこと。西《にし》アジアとエジプトで栄《さか》えた文明《ぶんめい》を「オリエント文明《ぶんめい》」ともよぶ。

【楔形文字《くさびがたもじ》】メソポタミア文明《ぶんめい》で生《う》み出《だ》された、人類最初《じんるいさいしょ》の文字《もじ》。粘土板《ねんどばん》にあしの先《さき》をきざみつけてできるV字《じ》（楔形《くさびがた》）に特徴《とくちょう》がある。

【クフ王《おう》の大《だい》ピラミッド】エジプトのギザにある3大《だい》ピラミッドの一《ひと》つ。エジプト第《だい》４王朝《おうちょう》の２代《だい》目《め》の王《おう》であるクフ王《おう》が、紀元《きげん》前《ぜん》２５５０年《ねん》につくったピラミッド。

【クレタ文明《ぶんめい》】紀元前《きげんぜん》１９００年《ねん》ごろ、クレタ島《とう》で栄《さか》えたヨーロッパ最古《さいこ》の文明《ぶんめい》。ミノス（ミノア）文明《ぶんめい》ともよばれる。

【黄河《こうが》（中国《ちゅうごく》）文明《ぶんめい》】約《やく》７０００年《ねん》前《まえ》、中国《ちゅうごく》の黄河中流域《こうがちゅうりゅういき》で生《う》まれた文明《ぶんめい》。長江下流域《ちょうこうかりゅういき》で生《う》まれた文《ぶん》明《めい》とあわせて中国文明《ちゅうごくぶんめい》ともいわれる。

【コロッセウム】紀元《きげん》80年《ねん》ごろ、ローマにつくられた円形闘技場《えんけいとうぎじょう》。高《たか》さ30メートル、長径《ちょうけい》の長《なが》さ約《やく》１９０メートルのだ円形《えんけい》の建造物《けんぞうぶつ》で、５万人《まんにん》の観客《かんきゃく》が入《はい》れた。

【シルクロード】古代《こだい》の東西世界《とうざいせかい》をむすんだ交易《こうえき》の道《みち》。中国《ちゅうごく》で生産《せいさん》された絹《きぬ》が、この道《みち》を通《とお》って運《はこ》ばれたことからその名《な》がついた。

【スフィンクス】人間《にんげん》の頭《あたま》にライオンの体《からだ》をもつ巨大《きょだい》な石像《せきぞう》。ギザのカフラー王《おう》のピラミッドの参道《さんどう》にある。

【大山古墳《だいせんこふん》】大阪府堺市堺区大仙町《おおさかふさかいしさかいくだいせんちょう》にある、第《だい》16代仁徳天皇《だいにんとくてんのう》の墓《はか》とされる前方後円墳《ぜんぽうこうえんふん》。全長《ぜんちょう》は約《やく》４８６メートルで、日本最大《にほんさいだい》の墓《はか》。

【ツタンカーメンのマスク】エジプト第《だい》18王朝《おうちょう》の12代目《だいめ》の王《おう》ツタンカーメンのミイラにかぶせられていた黄金《おうごん》のマスク。ツタンカーメンの墓《はか》は、王家《おうけ》の谷《たに》でみつかった。

【ナスカの地上絵《ちじょうえ》】ペルーでみつかった古代《こだい》の地上絵《ちじょうえ》。幾何学模様《きかがくもよう》やハチドリ、クモ、サル、クジラや樹木《じゅもく》など、さまざまなモチーフが２００点以上《てんいじょう》えがかれていて、ナスカ文化《ぶんか》を今《いま》に伝《つた》える。

【パルテノン神殿《しんでん》】ギリシャのアテネにある、アクロポリスの丘《おか》に建《た》つ神殿《しんでん》。都市国家《としこっか》アテネの守護《しゅご》神《しん》であるアテナ女神《めがみ》をまつった。

【万里《ばんり》の長城《ちょうじょう》】秦《しん》の始皇帝《しこうてい》が北方《ほっぽう》の遊牧民《ゆうぼくみん》の侵攻《しんこう》に備《そな》えてつくった城壁《じょうへき》。現在残《げんざいのこ》るのは15世紀《せいき》の明《みん》代《だい》に整備《せいび》されたもので、長《なが》さは８９００キロにおよぶ。

【ヒエログリフ】古代《こだい》エジプト王《おう》国《こく》でつかわれていた象形文字《しょうけいもじ》。神《しん》殿《でん》や墓《はか》にきざまれたことから神聖《しんせい》文字《もじ》ともいわれる。これを簡単《かんたん》にした「デモティック」は民衆文字《みんしゅうもじ》とよばれる。

【兵馬俑《へいばよう》】秦《しん》の始皇帝《しこうてい》を死後《しご》に守《まも》るためにつくられた兵隊《へいたい》と馬《うま》の人《にん》形《ぎょう》。中国陝西省西安《ちゅうごくせんせいしょうせいあん》にある始皇帝《しこうてい》の墓周辺《はかしゅうへん》の地下《ちか》から、８０００体《たい》もの兵馬俑《へいばよう》がみつかっている。

【ペルセポリス】イランのファールス州《しゅう》にある、ペルシア帝国《ていこく》（アケメネス朝《ちょう》ペルシア）の首都《しゅと》。ダレイオス一世《せい》が、紀元前《きげんぜん》５１０年《ねん》代《だい》に建設《けんせつ》をはじめた。

【ヘレニズム文化《ぶんか》】オリエント文《ぶん》化《か》とギリシャ文化《ぶんか》がまじりあって生《う》まれた文化《ぶんか》。アレクサンドロス大王《だいおう》の遠征《えんせい》により、ギリシャ人《じん》が東方《とうほう》に移住《いじゅう》したことで生《う》まれた。

【マチュピチュ】ペルーのアンデス山脈南西部《さんみゃくなんせいぶ》にある、標高約《ひょうこうやく》２５００メートルの空中都市《くうちゅうとし》。インカ帝国《ていこく》の都市《とし》の一《ひと》つで、王《おう》の避暑地《ひしょち》か宗教的《しゅうきょうてき》な儀式《ぎしき》をおこなう場所《ばしょ》だったとされる。

【魔法使《まほうつか》いのピラミッド】メキシコのユカタン州《しゅう》にある、マヤ文明《ぶんめい》の都市《とし》ウシュマルを代表《だいひょう》するピラミッド。魔法使《まほうつか》いが一夜《いちや》でつくったという伝説《でんせつ》から、こうよばれている。

【マヤ文字《もじ》】マヤ文明《ぶんめい》で生《う》み出《だ》された文字《もじ》。ひらがなのように一文字《ひともじ》で音《おん》をあらわす表音文字《ひょうおんもじ》と、漢字《かんじ》のように一文字《ひともじ》で意味《いみ》をあらわす表語文字《ひょうごもじ》の2種類《しゅるい》がある。

【ミイラ】生《い》きているときの形《かたち》をたもつように整《ととの》えられた死体《したい》。古代《こだい》エジプトでは、脳《のう》や臓器《ぞうき》がとりのぞかれ、体《からだ》が包帯《ほうたい》でまかれた。

【メソポタミア文明《ぶんめい》】現在《げんざい》のイラクを流《なが》れる、ティグリス川《がわ》とユーフラテス川《がわ》の間《あいだ》で生《う》まれた世界最古《せかいさいこ》の文明《ぶんめい》の一《ひと》つ。この文明《ぶんめい》は、世界最初《せかいさいしょ》の文字《もじ》である楔形文字《くさびがたもじ》も生《う》み出《だ》している。

【メソアメリカ文明《ぶんめい》】古代《こだい》の中米《ちゅうべい》の複数《ふくすう》の文明《ぶんめい》をまとめていう言葉《ことば》。マヤ文明《ぶんめい》、テオティワカン文明《ぶんめい》、アステカ文明《ぶんめい》などがある。

【モアイ像《ぞう》】太平洋《たいへいよう》のポリネシア東部《とうぶ》にうかぶイースター島《とう》の巨石群《きょせきぐん》。900体以上《たいいじょう》がみつかっている。

Photograph

10 鈴木 革
11 @IrisMyriel/stock.adobe.com
12-13 （スフィンクス）HEMIS/アフロ,（ペルセポリス）pespiero/stock.adobe.com
14 （老子岩）Wirestock/stock.adobe.com,（兵馬俑）bzebois/stock.adobe.com
15-16 鈴木 革
16-17 （アレクサンドロス大王）gianmarchetti/stock.adobe.com
18 skostep/stock.adobe.com
21 鈴木 革
30-31 （エル・カズネ）国博 荒川/stock.adobe.com,（アル・ヒジュル）amheruko/stock.adobe.com
35 Gamma/アフロ
39 鈴木 革
43 antonbelo/stock.adobe.com
44 ZENPAKU/stock.adobe.com
47-48 鈴木 革
50-51 鈴木 革
52 tilialucida/stock.adobe.com
53 鈴木 革
55 andibandi/stock.adobe.com
56 鈴木 革
59 tilialucida/stock.adobe.com
61 Brunbjorn/stock.adobe.com
63 （アクロポリス）moofushi/stock.adobe.com,（トロイ）鈴木 革
64-65 鈴木 革

69 mitzo_bs/stock.adobe.com
72-73 Mapics/stock.adobe.com
75 marcorubino/stock.adobe.com
77 makasana photo/stock.adobe.com
78 242803146/stock.adobe.com
80-81 willbrasil21/stock.adobe.com
85 鈴木 革
86-87 （遠景）Dario Bajurin/stock.adobe.com,（宮殿）Borna_Mir/stock.adobe.com
89 鈴木 革
90-91 white_bcgrd/stock.adobe.com
92-95 鈴木 革
96-97 （ブルーモスク）mehmet/stock.adobe.com,（遠景）Photo Scott/stock.adobe.com
98 鈴木 革
100-101 superjoseph/stock.adobe.com
103 ziggy/stock.adobe.com
105 op10top/stock.adobe.com
107 scotty/stock.adobe.com
109 （龍門石窟）MRkringsak/stock.adobe.com,（奉先寺の盧舎那仏）BigGabig/stock.adobe.com,（奈良の大仏）Robertvt/stock.adobe.com
111 （大山古墳）TM/stock.adobe.com,（大山古墳堀）貢太鈴木/stock.adobe.com
112 TAMA/stock.adobe.com
113 出典：正倉院宝物
114-115 Li Ding/stock.adobe.com
116-117 （ポタラ宮殿）Chris Redan/stock.adobe.com,（マニ車）wusuowei/stock.adobe.com,（経典）EnricoPescantini/stock.adobe.com
118 kasbah/stock.adobe.com
120-123 鈴木 革
127-128 鈴木 革
129 （カイラーサナータ寺院）saiko3p/stock.adobe.com,（ジャイナ教石窟）Roman/stock.adobe.com
131 鈴木 革
132-133 Yakov/stock.adobe.com
134-135 （正面）muratart/stock.adobe.com,（遠景・部分アップ）鈴木 革
136 鈴木 革
138 永田雅一
139 seqoya/stock.adobe.com
140 12ee12/stock.adobe.com
141 Jose Fuste Raga/アフロ
144-145 lkunl/stock.adobe.com
147 （ワット・マハタート）R.M. Nunes/stock.adobe.com,（ワット・プララーム）Mazur Travel/stock.adobe.com
149 Amy Nichole Harris/stock.adobe.com
154-155 MyriamB/stock.adobe.com
158-159 （ピラミッド，尼僧院）鈴木 革,（雨神）JFBRUNEAU/stock.adobe.com
160-161 鈴木 革
162-163 （太陽のピラミッド，月のピラミッド）WitR/stock.adobe.com, Madrugada Verde/stock.adobe.com
164-165 （カラル）Wirestock/stock.adobe.com,（ティワナク）diegograndi/stock.adobe.com
166-167 （ナスカ・サル）Daniel Prudek/stock.adobe.com,（ナスカ・ハチドリ）鈴木 革
169 石川武志/PPS通信社
171 milosk50/stock.adobe.com

Illustration

◇キャラクターデザイン　宮川愛理
22~27 羽田野乃花
28-29 sakura/stock.adobe.com
32-33 岡本三紀夫
34-35 矢田 明
36 （地図）矢田 明,（アルテミス神殿）田中盛穂,（マウソレウム）山本 匠
38-39 （柄）frenta/stock.adobe.com,（地図）photorebelle/stock.adobe.com
40-41 Newton Press
42-43 田中盛穂
44-45 奥本裕志
47~49 Newton Press
51 Newton Press
53 （地図）photorebelle/stock.adobe.com
55 （地図）mozZz/stock.adobe.com
56 Newton Press
59 （地図）photorebelle/stock.adobe.com
60-61 Newton Press
65 Newton Press
66-67 （ゼウス像）奥本裕志,（オリンピア）Newton Press
69~71 Newton Press
74 Newton Press
77 Newton Press
78 高橋悦子
81 （地図）photorebelle/stock.adobe.com
83 （空中庭園）Newton Press,（地図）photorebelle/stock.adobe.com
85 木下真一郎
87 羽田野乃花
89 （地図）photorebelle/stock.adobe.com
91 （地図）photorebelle/stock.adobe.com
95 （地図）mozZz/stock.adobe.com
100 （地図）mozZz/stock.adobe.com
103 Newton Press
104-105 （シルクロード地図）奥本裕志,（地図）mozZz/stock.adobe.com
106-107 セット・スクエアー・ワン
120 （地図）mozZz/stock.adobe.com
123 （地図）mozZz/stock.adobe.com
125 （イメージ図）目黒市松,（遺跡全図）セット・スクエアー・ワン
127 （地図）mozZz/stock.adobe.com
128-129 （地図）セット・スクエアー・ワン
131 （地図）mozZz/stock.adobe.com
133 （地図）セット・スクエアー・ワン
138 Newton Press
139 （地図）mozZz/stock.adobe.com
142-143 塩谷博明
149 藤井康文
150-151 Newton Press
152 藤井康文
155 （地図）mozZz/stock.adobe.com
157 中西立太,（地図）mozZz/stock.adobe.com
161 （遺跡地図）セット・スクエアー・ワン
163 （地図）セット・スクエアー・ワン
165 （地図）Arid Oceani/stock.adobe.com
169 黒田文隆

Staff

Editorial Management　中村真哉
Editorial Staff　髙山哲司
DTP Operation　真志田桐子，髙橋智恵子
Design Format　宮川愛理
Cover Design　宮川愛理

Profile 監修者略歴

森谷公俊／もりたに・きみとし
帝京大学名誉教授。1956年生まれ。東京大学大学院人文科学研究科修士課程修了。専門は古代ギリシャ・マケドニア史。著書に『アレクサンドロス大王東征路の謎を解く』などがある。

ニュートン
科《か》学《がく》の学《がっ》校《こう》シリーズ
古《こ》代《だい》遺《い》跡《せき》の学《がっ》校《こう》

2024年3月20日発行

発行人　高森康雄
編集人　中村真哉

発行所　株式会社ニュートンプレス
〒112-0012 東京都文京区大塚3-11-6
https://www.newtonpress.co.jp
電話 03-5940-2451
© Newton Press 2024　Printed in Japan
ISBN 978-4-315-52791-9